圆环形通道内
高压及超临界水的传热特性

吴　刚◎著

中国石化出版社

内容提要

本书内容以超临界水冷堆概念堆型为背景，系统研究了超临界水在三种不同环缝间隙尺寸下垂直上升及垂直下降试验段的流动与传热特性，试验参数涵盖超临界水冷堆的设计运行工况，书中阐明的研究成果对超临界水冷堆的设计具有重要的工程应用价值，对其他相关领域也有重要的参考作用。

本书可供从事两相流与传热的工程技术人员、科学研究人员和高校相关专业的师生参考。

图书在版编目(CIP)数据

圆环形通道内高压及超临界水的传热特性/吴刚著.—北京：中国石化出版社，2022.6
ISBN 978-7-5114-6759-1

Ⅰ.①圆… Ⅱ.①吴… Ⅲ.①水冷堆-超临界-传热 Ⅳ.①TL421

中国版本图书馆 CIP 数据核字(2022)第 113418 号

中国石化出版社出版发行
地址：北京市东城区安定门外大街 58 号
邮编：100011 电话：(010)57512500
发行部电话：(010)57512575
http://www.sinopec-press.com
E-mail：press@sinopec.com
北京艾普海德印刷有限公司印刷
全国各地新华书店经销
*
710×1000 毫米 16 开本 9 印张 149 千字
2022 年 9 月第 1 版 2022 年 9 月第 1 次印刷
定价：50.00 元

前　言

　　超临界水冷堆（SCWR）是第四代核能系统的 6 种概念堆型之一，也是这 6
种代表未来核能系统发展趋势的堆型中唯一的水冷堆，由于具有较高的热效率和
简单的系统，因而具有良好的发展前景。本书针对国际上发展超临界水冷堆的技
术需要，以超临界水冷堆概念堆型中拟采用的燃料元件棒及定位格架为研究对
象，以水为工质，开展垂直上升及垂直下降圆环形通道内的传热及阻力特性研
究。圆环形试验段内管直径为 $\phi8mm$，环腔间隙分别为 2mm、4mm 及 6mm，在
压力为 23～28MPa、质量流速为 350～1000kg·m^{-2}·s^{-1}、壁面热流密度为 200～
1000kW·m^{-2} 的参数范围内对超临界水在圆环形通道内的传热及流动特性进行了
系统的试验研究。

　　在超临界压力下，获得了大量宝贵的试验数据，试验参数涵盖了超临界水冷堆
的设计运行工况，根据试验结果，详细讨论了压力、质量流速、热流密度对试验段
壁温及传热系数的影响，分析了试验中出现的传热强化及传热恶化现象，并给出了
拟临界区异常传热的发生机理。试验数据表明，在超临界水冷堆运行工况下
（25MPa，1000kg·m^{-2}·s^{-1}，1000kW·m^{-2}）并不会发生传热恶化现象，并得出
了具体的壁温分布及传热系数，对超临界水冷堆的设计具有重要的参考价值。

　　本书比较了不同环缝间隙对环形通道内超临界水传热特性的影响，给出了不
同间隙尺寸对传热特性影响的合理解释。结果表明，传热恶化的发生不仅取决于
热负荷及质量流速等参数，流道几何结构也会影响到传热恶化的具体表现形式。
因此，对于传热恶化的判定及传热恶化起始点的预测，除了流动参数，流道几何
结构也是一个必须考虑的因素。

　　在超临界水冷堆堆芯燃料元件的概念设计中，螺旋绕丝型定位格架被很多研
究者所推荐，因此，本书中使用了两种不同结构形式的定位阻力件来模拟核反应
堆燃料元件定位格架对传热特性的影响。试验结果表明，螺旋绕丝定位件及另一
种结构形式的不锈钢定位件，都对其所处局部位置的对流传热起到了明显的强化

作用。在定位阻力件处局部流通截面积的减小使得流体流速突然增加，加之绕丝的强烈旋流和扰动作用，明显强化了超临界水在绕丝局部的传热。并且，与光管试验段相比，有绕丝结构的试验段在近壁面处流体导热系数更高，改善了加热面与边界层流体的热传导，也有利于使传热得到强化。试验结果还表明，这两种不同结构形式的定位件对下游流场的影响趋势基本相同，其对下游流场及传热的影响沿流动方向不断衰减，最终消失。质量流速是决定定位阻力件对下游流场波及范围的一个重要参数。

在亚临界压力区，发现了亚临界压力下的两种类型的传热恶化，即膜态沸腾（DNB）及烧干。从壁温、传热系数、临界热负荷、临界干度等方面对垂直上升圆环形通道内水的传热特性进行了详细分析。本书还将圆环形通道内超临界压力与亚临界压力下的传热现象进行了对比分析，有助于进一步认识理解圆环形通道内的传热机理。

本书应用计算流体动力学软件 Fluent 6.3 模拟了超临界压力水在 6mm 环缝间隙内的传热特性，并与试验结果进行了对比分析。通过数值计算给出了与流动和传热密切相关的速度分布和温度分布，并详细分析了螺旋绕丝结构的强化传热现象，给出了螺旋绕丝附近的速度、温度、湍动能、密度、导热系数等物理量分布，解释了螺旋绕丝的强化传热机理。

本书所获研究成果对超临界水冷堆的设计具有重要的工程应用价值，对其他相关领域也有重要的参考作用。

本书获得西安石油大学优秀学术著作出版基金资助，在此表示衷心感谢！另外，在本书的编写过程中，得到了毕勤成教授的指导和帮助，以及王汉副教授和杨振东副教授的协助与支持，在此也向他们致以最衷心的感谢！

由于本书涉及的领域较广，作者水平有限，书中不足和错误在所难免，恳请读者不吝指正。

目　　录

1 绪 论

1.1 概述

能源是国家经济发展与社会进步的重要物质保障，是人类生存和发展的重要因素之一，安全、充足的能源供应和高效、清洁的能源利用是人类社会可持续发展的重要保证。近些年来，随着世界经济的高速发展，全世界的能源消耗量以惊人的速度不断增长，煤、石油和天然气等一次能源日益减少，给经济的持续发展带来了严峻的挑战。此外，一次能源在使用过程中，会产生大量的二氧化碳（CO_2）、二氧化硫（SO_2）、氮氧化物（NO_x）以及粉尘等温室气体和有害污染物，对人类的生存环境造成了严重的影响。

作为世界上经济发展最快的发展中国家，我国对能源的生产量和需求量日益增加。截至 2004 年底，我国的能源消费量约占世界总能源消费量的 11%，居世界第二位，能源消费量仅次于美国[1]。同时，我国的能源生产量也非常惊人，到 2008 年，能源生产总量折合 26 亿吨标准煤，占世界能源总生产量的 17.7%，成为世界上最大的能源生产国[1]。电力是清洁、高效、安全、便捷的二次能源，我国 70% 以上的能源消费以电能的形式实现。1949 年全国电力装机容量为 $184.64 \times 10^4 kW$，年发电总量为 $43.1 \times 10^8 kW \cdot h$。随着新中国的成立以及随后的改革发展，中国政府制定了一系列优先发展电力事业的措施，到 1998 年底，全国电力装机容量为 $2.77 \times 10^8 kW$，年发电总量 $11580 \times 10^8 kW \cdot h$，居世界第二位[2,3]。而截至 2010 年底，我国电力装机容量已达到惊人的 $9.6 \times 10^8 kW$，其中 73% 由燃煤电厂提供。

截至目前，我国的能源结构仍以煤炭为主，虽然从 20 世纪 70 年代以来煤炭在能源结构中的比例逐渐减小，但截至 2008 年，煤炭仍然占据 68.7% 的绝对比例[4]。这种能源结构带来了两个严重问题：首先，煤炭的燃烧产生大量的 CO_2、SO_2 和 NO_x 等污染气体，引起酸雨、温室效应以及呼吸系统疾病，给人民生产和生活造成巨大的危害；其次，煤炭作为非可再生能源，其存储量日益减少，导致我国的能源问题尤其突出。此外，我国煤炭资源总量虽然丰富，但人均开采量仅为 89.8t，只占世界人均开采量的 55.26%、发达国家的 22.49% 及美国的 10.18%，发展前景不容乐观[5]。况且，一次能源都是不可多得的工业原料，仅仅使其燃烧取得热量是一种较大的能源浪费，必须对其进行综合开发和利用才更加符合可持续发展的理念。因此，寻求一种更为经济、安全的发电方式迫在眉睫。

核电是经济、安全、用之不竭的清洁能源，在国际与国内新能源市场占据重要地位，并已成为全球能源领域的发展热点。与常规能源发电相比，核电具有有效缓解燃料运输压力、较高的能量密度、燃料存储量充足、几乎无碳排放等优点；与其他新能源相比，核电不受季节、气候、地域的制约，去除了水力、风力、太阳能、地热能等过分依靠自然环境的缺点[6]。在当今能源供应紧张、能源储备竞争激烈、环境污染日益严重的背景下，为保证我国能源的可持续发展，发展核电是必由之路。

我国的核电事业从 20 世纪 70 年代开始发展，经历了三个阶段[7]。从 20 世纪 70 年代中期到 90 年代中期为起步阶段，在这一阶段我国自主设计并建成了第一座核电站——秦山一期核电站。此外，我国还引进法国技术和设备，建成了大亚湾核电站。大亚湾核电站是一座大型商业核电站，于 1994 年并网发电。从 20 世纪 90 年代中期到 2004 年为小批量发展建设阶段，在这一阶段中，我国相继建成了秦山二期、秦山三期、岭澳一期和田湾核电站等四座核电站。在这一阶段中，我国不断消化吸收国外先进技术和管理经验，同时注重自身实践经验的积累，在发展核电方面逐渐成熟。从 2004 年至今，我国进入了核电高速发展时期，核能在我国能源可持续供应中的重要地位逐渐形成共识。表 1 - 1 和表 1 - 2 列出了截至 2008 年底我国正在运行及在建的核电机组[7-9]。

表 1 - 1 正在运行的核电机组

机组名称	堆型	所在地	功率/(10^4kW)	并网时间
秦山一期	压水堆	浙江海盐	30	1991.4
大亚湾1#、2#机组	压水堆	广东深圳	90×2	1994.2、1994.5
秦山二期1#、2#机组	压水堆	浙江海盐	60×2	2002.4、2004.3
岭澳1#、2#机组	压水堆	广东深圳	98.4×2	2002.5、2003.1
秦山三期1#、2#机组	重水堆	浙江海盐	72.8×2	2002.12、2003.11
田湾1#、2#机组	压水堆	江苏连云港	100×2	2007.5、2007.8

表 1 - 2 在建的核电机组

机组名称	所在地	功率/(10^4kW)	开工日期
阳江一期	广东阳江	2×100	2008.12
三门一期	浙江三门	1×125	2009.4
宁德一期	福建宁德	2×100	2008.2
福清一期	福建福清	2×100	2008.11
红沿河一期	辽宁大连	2×100	2007.8
方家山	浙江海盐	2×100	2008.12
岭澳二期	广东深圳	2×100	2005.12

截至目前，我国共有 11 台核电机组投入运行，总装机容量约为 880 × 10^4kW，核电装机容量占全国电力总装机容量的 1.2% 左右。

在 2011 年 3 月日本福岛核电站发生核泄漏事故以后，核电的安全问题再一次提到日程上来，国家核安全局要求国内已运行的核电站要严格自查自纠，确保核电站运行安全，在建核电站暂停施工，对潜在的风险进行重新评估。截至目前，第二代核电技术已非常成熟，第三代核电技术也已达到商业运行的条件，但是前三代技术的安全性都未达到令人满意的地步。20 世纪 80 年代以来，发达国家提出了许多新的核反应堆概念设计方案，致力于开发具有更高的经济性、安全性和可持续发展的核反应堆。美国能源部于 2000 年成立了第四代核能国际论坛（Generation Ⅳ International Forum – GIF），GIF 为国际合作开发第四代核反应堆系统创造了新的契机，并且强调第四代反应堆系统在经济性、可靠性、安全性和可持续性等方面占据独特的优势，并预计第四代核能系统在 2030 年左右将达到工业运行水平[10 - 14]。

超临界水冷堆（SCWR）是 GIF 在经过广泛的设计概念征集和比较论证后，所选定的第四代核反应堆概念堆型之一，如图 1 - 1 所示。其运行工况在水的临界点（即 374℃，22.1MPa）以上，在超临界压力下将水加热至约 500℃，因此可以获得高达 45% 的热效率[15,16]。由于工质在堆芯中不发生相变，而且采用直接循环，因此再循环泵、蒸汽发生器、稳压器以及蒸汽干燥器和分离器都得以省略，与传统的轻水反应堆（LWR）相比，系统结构可以大大简化。此外，与轻水堆相比，SCWR 堆芯冷却剂流量较低，使得主循环泵、管道等设备的尺寸可以明显减

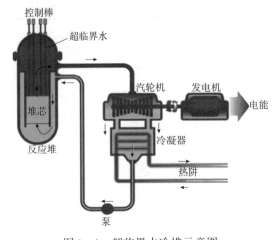

图 1 - 1　超临界水冷堆示意图

小，对于降低核电站基建成本是非常有利的[17-19]。

2020 年我国电力总装机容量约为 2200GW，核电规模为 49.9GW。在未来 20 年内核能还会有更大规模的发展，这是实现我国能源与电力可持续发展的必然选择。因此，我国在积极引进国外先进核电技术的同时，应及早开发新的核电技术，瞄准国际前沿开展新一代核反应堆的研发工作，以使我国具有独立自主设计第四代核能系统的能力。发展超临界水冷堆能够借鉴我国现有的压水堆以及超临界火力发电的设计、运行经验，具有技术上的延续性。此外，超临界水冷堆具有经济性、安全性等诸多优势，是发展大功率核电技术的必然趋势，它理应成为我国重点研发的新一代核电技术之一[20,21]。

在超临界水冷堆中，堆芯的流动与传热特性对整个系统的安全和正常运行起着至关重要的作用。为评价传热恶化发生时燃料包壳的温度，必须基于不同热流密度、质量流量以及冷却剂参数下的试验数据所得出的相应的流动与换热关系式。在超临界水冷堆中水的传热特性与亚临界压力下截然不同，虽然可以当作单相流体对待，但在近临界区和超临界区，水的物性变化剧烈，无论在工程实践上还是在传热微观机理上，都缺乏对此时传热和流动状况的清楚认识。而且，迄今为止，关于此项工作的研究绝大多数为圆管管内流动，此时热量由外部传给管内工质。在核反应堆中，热量是由燃料元件棒束产生并传给在棒束间流动的冷却剂，这种超临界压力下棒束间非圆通道的流动和传热与圆管管内流动有着显著的区别，国内外已公开发表的相关研究资料非常匮乏。因此，通过试验手段研究超临界水冷堆堆芯中燃料元件棒束间非圆流道内的流动与传热状况，开展超临界压力下非圆通道的热工水力特性研究，具有非常重要的工程意义。

1.2 超临界水冷堆技术现状

1.2.1 国外技术现状

由于超临界水冷堆具有高效率低成本发电的优点，并且其技术基础可借鉴现有轻水堆和超临界锅炉的成熟技术，近几十年来受到各国的普遍关注。目前包括日本东京大学、东芝公司、加拿大原子能有限公司(AECL)和西屋公司在内的多个研究机构正在开展与超临界水冷堆有关的设计和安全分析工作，GIF涉及超临界水冷堆的研究项目包括传热、材料、安全、制氢和整体设计等工作也已开始启动[22,23]。

超临界水冷堆的概念是日本东京大学在1989年提出的，其最初的研发工作起源于日本。在超临界水冷堆的概念提出之后，日本东京电力公司(Tepco)与另三个轻水反应堆建造商，即东芝公司(Toshiba)、三菱重工(MHI)和日立公司(Hitachi)联合对超临界水冷堆的设计运行的可行性进行了研究。研究结果表明，超临界水冷堆在概念和技术上是可行的，但其经济性能否达到预期目标在很大程度上取决于工质的出口温度。因此，如何完善超临界水冷堆的概念设计并克服潜在的技术困难还需进行深入的研究。日本的超临界水冷堆研发工作细分为三个课题，即"超临界水冷堆概念设计优化研究""材料与化学技术探索"和"传热与流动技术研究"。日本东京大学的Oka教授负责领导超临界水冷堆的研究工作，在反应堆热工水力特性的计算及试验研究方面都取得了很多成绩[24-27]。

美国于1999年推出了核能研究计划NERI(Nuclear Energy Research Initiative)致力于发展新一代核电技术，在反应堆堆芯设计、材料、安全防护等方面开展了许多研究工作，针对超临界水冷堆做了一系列技术攻关。2003年，美国正式启动了超临界水冷堆开发研究计划，包括爱德华国家工程和环境实验室(INEEL)、橡树岭国家实验室(ORNL)、麻省理工学院(MIT)、阿贡国家实验室(ANL)和西屋电气公司在内的多家单位都参与了超临界水冷堆的研发工作，在堆芯概念设计、超临界压力下材料的可靠性、流动与传热特性等方面进行了广泛的研究[22,28]。

加拿大的超临界水冷堆研究工作主要在加拿大原子能公司(AECL)进行，AECL提出了超临界CANDU-X的第四代核反应堆堆型。除此之外，AECL还对超临界压力下反应堆堆芯内的热工水力特性进行了基础研究[29-31]。最近几年，AECL 领导相关的研究机构在反应堆材料试验、堆芯棒束设计、冷却剂传热特性、燃料循环评估等方面开展了一系列研究工作。在下一阶段的研究工作中，AECL 已经决定加大超临界水冷堆的研发力度，并且在中国积极寻找合作研究伙伴。截至目前，西安交通大学、上海交通大学以及成都核动力设计院等都与 AECL 开展了合作研究项目。

欧洲的超临界水冷堆项目研究工作开始于 2000 年，截至目前已有德国、法国、意大利等 7 国参与，其概念设计的可行性研究在 2008 年已经完成。从 2003 年至目前，关键技术的研发工作，如材料性能、超临界传热、程序开发等正在紧张进行。在欧盟的大力资助下，相关研究机构进行了一系列有关超临界水冷堆的研究和探索工作。在反应堆堆芯热工水力方面的研究工作有：收集整理超临界水在单管内的流动及传热试验数据；对单管和棒束内超临界压力水的流动及传热特性进行数值模拟；开发先进的 CFD 计算方法，对燃料元件组件的结构设计提供可靠的理论分析方法[32-34]。

虽然世界上主要的核电发达国家和地区的核能发展路线不尽相同，但他们都相继提出了开发超临界水冷堆的时间路线图，而且相互之间差异不大，总体目标是在 2025 年之前完成超临界水冷堆的概念设计。国际上有关超临界水冷堆的研发工作主要包括以下几个方面[22]：①堆芯系统的概念设计与可行性研究，由于国际上对已经提出的十余种概念堆型设计方案尚未达成一致的看法，后期补充完善工作还需要进一步进行；②反应堆材料的特性研究，燃料包壳材料要承受高温、高压、氧化、腐蚀、辐照等苛刻条件，对关键材料的研究和筛选具有十分重要的意义；③热工水力的基础研究，虽然关于超临界压力下流体的传热与流动特性研究已经持续了几十年时间，但反应堆燃料组件棒束间的流动与传热跟常规管内流动有显著区别，必须借助试验和计算的方法探究其机理；④数值计算程序分析，限于试验手段完成超临界水冷堆概念设计工况研究的困难，数值分析可以作为对其性能进行评估的有效手段，截至目前，分析程序还不够完善，适用性有限，需要进一步发展完善。

1.2.2　国内技术现状

超临界水冷堆在很大程度上可以看作是现代轻水堆与超临界火电机组的结合，虽然国内针对超临界水冷堆的研发工作还并未真正起步，但我国已有几十年的大型商用压水堆核电站的开发研究经验可供借鉴。截至目前，我国具有自主研发建设 $60 \times 10^4 \mathrm{kW}$ 压水堆核电站的能力，同时不断消化吸收世界上最先进的关键技术、概念设计、总体研究及软件开发等。我国积累的压水堆研究、设计及建造基础对我国开发超临界水冷堆相关工作具有很强的技术延续性。因此，可以说我国已经具备了研发超临界水冷堆的工业基础和能力。

另外，在超临界火力发电方面，我国更是积累了丰富的设计、制造和运行经验。"十五"期间，我国开始了首座百万千瓦超临界火电厂的建设，随着近几年我国超临界及超超临界火力发电机组的建成和投入运行，超临界压力水在管内的流动及传热特性研究以及高温高压条件下特殊材料的研究筛选工作取得了很多成果[35-37]。国内一些研究机构和高校也进行了超临界压力水的热工水力研究与理论探索。此外，国内许多研究单位，如清华大学、西安交通大学、核动力设计院等对国际上超临界水冷堆的最新研究成果和进展都在积极跟踪，开展了一系列相关基础研究工作，在反应堆材料及热工方面开展了许多理论研究、试验验证与数值分析工作。

虽然我国并未明确制定发展第四代核反应堆的计划，但国内的多家研究机构均在积极关注国际最新的超临界水冷堆研究成果及动态，为其在我国的发展起到了一定的推动作用。2006年4月，上海交通大学动力工程系核科学与工程学院联合国内几所高校和研究所成立了"中国超临界水冷堆技术工作组"（China SCWR Technical Working Group），目的是联合国内研究机构共同致力于我国超临界水冷堆的研发工作。截至目前，该工作组在超临界水冷堆的概念设计论证、堆芯热工水力特性研究以及计算机软件开发等方面取得了一定的进展[22,38]。在反应堆材料方面，成都核动力研究设计院正在搭建试验回路，目的是开展超临界条件下金属腐蚀机理与化学特性研究。在反应堆堆芯设计方面，上海交通大学正在对现有的堆芯设计方案进行评估，同时积极探索新型堆芯设计方案，提出了一系列自己的设计理念。在研发工具方面，技术组成员在各自原有程序的基础上不断进行补充完善，以期开发出适用于超临界水冷堆工况参数的分析工具。近些年来，西安交通大学动力工程多相流国家重点实验室进行了一系列超临界水的传热与流动试验，试验段包括水平、垂直以及倾斜布置，结构涵盖了圆管、内螺纹管、方形环腔、圆形环腔等多种形式，并在积极开展超临界压力水在棒束间的传热特性研究，为超临界水冷堆的前期研发工作提供了大量宝贵的试验数据[39-43]。

1.3   超临界水冷堆技术成果

1.3.1   亚临界压力下水的传热特性

由于工业上设计超临界锅炉以及核反应堆的需要，国内外许多研究人员都对亚临界压力下流体的传热特性进行了广泛深入的研究，对亚临界的传热机理有了较为深刻的认识，开发了多种强化传热、抑制传热恶化的技术，并广泛应用于航空航天、电力、国防工业、石油化工等领域[44]。亚临界压力下，气相和液相同时存在，从而导致有别于单相液体的流动与传热特性。在给定压力下，随着流体的不断吸热，当流体温度达到临界温度后便进入两相共存区。随着进一步加热，含气率不断增加，液相吸热连续地转化为气相，而两相温度保持不变。当液相全部转变为气相后，此时工质达到饱和状态，随着加热的进行，逐渐进入过热蒸汽区。亚临界压力下的核态沸腾具有良好的传热效果，但随着含气率的不断增加，传热急剧恶化，壁温飞升，给工业设备的运行带来极大的隐患。因此，许多研究者都非常重视对亚临界区传热特性的研究。现有的研究表明[45]，亚临界压力下存在两种类型的传热恶化，分别用临界热流密度和临界干度来表征。第一类传热恶化(膜态沸腾)主要发生在流体干度较低时，加热壁面被越来越多的气泡覆盖，不能得到主流流体的冷却，从而引起壁温飞升，发生传热恶化，工业设备中常出现这种类型的传热恶化。第二类传热恶化(干涸)，当热流密度较高时，流体干度达到一定值后，加热壁面的液膜被蒸干，管壁直接与换热能力较差的蒸汽接触，从而导致传热恶化。

国内外许多研究者对亚临界压力下流体在光管及内螺纹管内的传热特性进行了详细的研究。1958 年美国西屋公司建立了世界上第一个亚临界压力下临界热流密度(CHF)数据库 WAPD[46]。1975 年，Doroshchuk[47]在试验数据的基础上，提出了第一个垂直圆管内临界热流密度的查询表。1996 年，Groeneveld[48]制成了包含 22946 个临界热流密度数据的 AECL – IPPE 的查询表。1998 年，美国普渡大学(Purdue)沸腾与两相流实验室收集了 29560 个垂直管试验数据及 838 个水平管试验数据，建立了 PU – BEPEF 临界热流密度数据库[49]。以上是截至目前几个主要的临界热流密度查询表，但是其参数范围并未涵盖低压到高压的全部范围。

Watson 等[50]对垂直及倾斜布置的光管和内螺纹管进行了临界热流密度的试

验研究。结果表明，倾斜布置的光管非常容易发生传热恶化，而内螺纹管内壁面的旋流和扰动作用很大程度上推迟了传热恶化的发生，使发生传热恶化的临界热流密度和临界干度大大提高。此外，他们还提出了临界质量流速的概念，即当质量流速大于某一值以后，质量流速的变化对传热的影响非常小。

Bringer 和 Smith[51]以 CO_2 为工质，在临界压力附近对内径 4.57mm 的光滑圆管进行了试验研究。发现临界压力区的传热非常复杂，用基于零热流密度的传统半理论关联式预测换热系数时，最大会有 30% 的误差，而该关联式用于计算远离临界压力的亚临界下的对流传热具有很好的精度。

Nishikawa 等[52,53]对内螺纹管内水的传热特性进行了深入研究，试验压力范围为 16.7 ~ 20.6MPa，螺纹管型包括交叉来复线管、B&W 单头内螺纹管以及单来复线管。试验结果表明，亚临界压力下水在不同管型的内螺纹管内具有不同的传热特性。单头来复线管的传热特性较其他两种管型差，交叉来复线管以及 B&W 内螺纹管在高干度区仍然具有非常好的传热效果，传热系数比相同条件下的光管高 4 倍左右。

Swenson 等人[54]在热流密度为 279 ~ 561kW · m^{-2}，质量流速为 949 ~ 1356kg · m^{-2} · s^{-1}的工况范围内对近临界压力下水在光管和内螺纹管内的传热特性进行了试验研究。试验结果表明，光管在非常低的干度下(0.03 左右)就发生了第一类传热恶化，壁温飞升超过 500℃；相同条件下，内螺纹管在干度高于 0.9 后才发生传热恶化。相比光管而言，内螺纹管能够在非常高的干度下保持核态沸腾，具有良好的传热特性。

陈听宽等[55,56]对亚临界和近临界压力区汽水两相流在垂直上升光管内的传热特性进行了一系列试验研究。结果表明，亚临界压力下，随着压力的不断升高，汽水两相流的传热明显变差，而且压力越接近临界压力，传热效果越差，发生传热恶化时的蒸汽干度迅速减小。在临界压力附近，传热恶化在过冷沸腾区就已经出现。对于相同管径和试验工况的垂直下降管，陈听宽等[57]却观察到了不同的试验现象，近临界压力区汽水两相流的传热反而比远离临界点的亚临界压力区的传热要明显改善。

郑建学等[58]在压力为 13 ~ 22MPa，热负荷为 200 ~ 800kW · m^{-2}，质量流速为 400 ~ 1800kg · m^{-2} · s^{-1}的参数范围内对汽水两相在直径为 $\phi 28 \times 6$mm 的内螺纹管内的传热特性与临界热流密度进行了试验研究。研究结果表明，在亚临界压力区 13 ~ 19MPa 时，内螺纹管的传热效果非常好，传热恶化发生时的临界热流密度较高，而且受质量流速的影响很大。随着压力升高或者质量流速的减小，临界热流密度将会降低。

孙丹[59]分别采用半周加热和全周加热的方式对临界压力附近两相流在光管和内螺纹管内的传热进行了系统研究，对内螺纹管的强化传热机理进行了分析。试验结果表明，半周加热与全周加热相比能够改善传热，而且越接近临界压力点，效果越明显。此外，临界压力区内螺纹管改善传热的作用被削弱了，但仍然比光管的传热效果好。

1.3.2 超临界压力下水的传热特性

从 20 世纪 50 年代开始，随着国际上超临界锅炉这一概念的兴起，许多研究者开始对超临界压力下流体的传热特性进行研究，积累了大量的试验数据，给出了传热异常的可能机理，并发展了一系列经验关联式用以预测非正常传热工况下的传热特性。前人的试验研究所采用的工质包括水、氟利昂、二氧化碳、液氮以及烃类物质，其中以水和二氧化碳为工质的研究最多，超临界压力下流体传热特性的文献综述详见文献[60，61]。此外，用数值计算的方法来模拟超临界压力下流体的传热被越来越多的学者所采用，发展了多种模拟流动与传热的湍流模型，为进一步弄清超临界压力下流体的传热机理奠定了坚实的基础。

（1）有关超临界流体的试验研究

1963 年，Shitsman[62]对超临界压力下水在垂直上升圆管内的传热进行了试验研究。试验参数为：管径 8mm，管长 1500mm，压力 23 ~ 25MPa，热流密度最高达 1200kW·m^{-2}，质量流速 300 ~ 1500kg·m^{-2}·s^{-1}。试验结果表明，在某些工况下，传热恶化会发生在拟临界点附近，而且随热流密度的升高或质量流速的降低，传热恶化更容易出现。当质量流速超过某一值时，即使热流密度很高时也不会发生传热恶化。

1965 年，Swenson 等[63]在压力为 22.7 ~ 41.3MPa，热流密度为 200 ~ 2000kW·m^{-2}，质量流速为 200 ~ 2000kg·m^{-2}·s^{-1}的宽广范围内对超临界水在内径为 9.42mm 的圆管内的传热特性进行了系统地试验研究。试验结果表明，超临界压力下水的传热特性与压力和热流密度有很大关系，当流体温度接近拟临界温度时，传热系数达到一个峰值，随着压力和热流密度的增加，传热系数逐渐降低，但是在试验中并未观测到传热恶化的发生。此外，他们给出了无量纲关联式用来预测临界区的传热系数。

Vikhrev 等[64]对超临界压力水在垂直管内的传热特性进行了研究，着重分析了高热流密度下出现的传热恶化现象。试验中在质量流速为 $495kg \cdot m^{-2} \cdot s^{-1}$ 时观测到了两种传热恶化，第一种传热恶化发生在试验段入口段（$L/D < 40 \sim 60$），第二种传热恶化可能发生在试验段任一位置上，但只在特定的焓值区出现。前者可能与入口段的流型有关，并且只发生在低质量流速、高热流密度条件下，随着质量流速的提高会逐渐消失。

Shiralkar 和 Griffith[65]以二氧化碳为工质进行了超临界压力下流动与传热的试验研究，通过理论分析和试验手段得到了以最大热流密度与质量流速表征的安全运行条件，即在该条件下不会出现传热恶化。此外，他们发现在热流密度较高时，当流体温度低于拟临界温度而壁温高于拟临界温度时会发生传热恶化。

Ackerman[66]对超临界水在不同管径的圆管和内螺纹管内的传热特性进行了系统地研究。试验数据表明，压力的升高、管径的减小以及质量流速的增加有利于推迟传热恶化的发生。由于 Ackerman 在传热恶化时观察到了沸腾噪声，因此，他倾向于用拟沸腾理论来解释传热恶化，认为随着热流密度增加，加热壁面逐渐被一层密度低的轻流体覆盖，从而阻碍了壁面向主流的传热，最终导致传热恶化的发生。超临界压力下的传热恶化与亚临界压力下的 DNB 具有相似性，不同的是流体在超临界下保持为单相，没有气液两相的差别。

Belyakov 等[67]对超临界压力水在垂直管和水平管中的传热进行了对比试验，试验工况为：热流密度 $232 \sim 1396kW \cdot m^{-2}$，质量流速 $300 \sim 3000kg \cdot m^{-2} \cdot s^{-1}$。他们得出的结论是，在远离拟临界温度的低焓值区和高焓值区，热流密度与质量流速对传热的影响有限。对水平管，下母线处的壁温要明显低于上母线处的壁温，表明下母线处的传热得到了强化。在相同的试验参数下，垂直管中的传热系数介于水平管上下母线的传热系数之间，与水平管135°和225°处的传热系数非常接近。

Yamagata 等[68]在非常宽广的试验参数下详细研究了超临界压力水在水平管和垂直管中的传热特性，试验参数为：压力 $22.6 \sim 29.4MPa$，热流密度 $116 \sim 930kW \cdot m^{-2}$，质量流速 $310 \sim 1830kg \cdot m^{-2} \cdot s^{-1}$。试验结果验证了 Belyakov[67]的结论，即超临界水在垂直管中的传热效果介于水平管的上下母线之间。此外 Yamagata 提出，在主流温度低于拟临界温度而壁温高于拟临界温度时会出现最大传热系数，热流密度越低，传热系数越大，但测量误差也越来越大。此外，Yamagata 在试验数据的基础上提出了一个经验关联式，具有较好的预测超临界传热的效果。对超临界水在管径为 10mm 的垂直上升管内传热特性的研究表明，传热恶化不具有可重复性，并提出了预测传热恶化起始点的经验公式。

很多研究者在试验研究超临界压力下水的传热特性时都观察到了拟临界区的异常传热现象，但对其发生机理却有不同的看法。Goldmann[69] 和 Ackerman[66] 提出了拟膜态沸腾理论，认为超临界压力下大比热容区的强化作用与亚临界压力下的核态沸腾类似，而传热恶化是由拟核态沸腾转变为拟膜态沸腾引起的。Goldman 认为超临界压力下加热壁面附近会产生气泡状的液体，在浮升力的作用下，低密度的气泡状液体离开加热壁面后带来的混合与湍流作用使得主流流体更易与加热壁面接触，从而强化了传热。Ackerman 认为当热流密度较高时，加热壁面的轻流体层阻碍了加热壁面与主流流体的换热，这与亚临界压力下的 DNB 相似。拟沸腾理论有两个依据：一是传热强化时出现的沸腾噪声，二是 Nishikawa[52,53] 进行超临界二氧化碳试验时的拟核态沸腾以及拟膜态沸腾照片。

此外，许多学者认为超临界压力下变物性的对流传热，特别是拟临界区流体物性的剧烈变化，是导致传热异常的重要原因[70-73]。在拟临界点附近，比热容要比低焓值区或高焓值区增加几十倍，使得流体的吸热能力大大增强，从而强化了传热；另外，某一横截面的主流温度与壁面温度相差很大，在变物性条件下会产生径向的温度梯度，从而可能引起局部二次流，导致异常传热现象的发生。此外，在拟临界点附近，流体密度骤降，体积增大，使得局部格拉晓夫数非常大，轴向密度的变化又有可能导致流体具有很大的加速度，因此在低质量流速、高热流密度时的浮升力与热加速作用也有可能导致传热恶化的发生。

近二十年来，西安交通大学多相流国家重点实验室在陈听宽教授的带领下进行了一系列超临界压力下流动与传热特性的试验研究，积累了大量的试验数据。陈听宽等人[36]对国产 600MW 超临界锅炉水冷壁所使用的内螺纹管进行了流动阻力与传热特性的试验研究，试验工况为压力 13 ~ 27MPa，热流密度 200 ~ 800kW·m^{-2}，质量流速 400 ~ 1800kg·m^{-2}·s^{-1}。试验给出了不同工况下的壁温特性、对流传热系数、传热恶化的起始条件以及内螺纹管的摩擦阻力特性，对全周加热与半周加热进行了比较分析，并在试验数据的基础上给出了经验关联式。胡志宏[70]通过试验手段研究了倾斜管与垂直上升管在近临界和超临界压力区的传热特性，发现倾斜管周向壁温分布是不均匀的，采用强制对流传热公式可以近似计算平均传热系数。另外，他还把试验数据与前人提出的 5 个传热经验关联式进行了比较分析，并根据试验结果提出了判断垂直管与倾斜管内的浮升力准则。

王建国[74]对超临界压力水在光管和内螺纹管内的传热及阻力特性进行了系统的试验研究，分析了压力、质量流速以及热流密度对传热特性的影响，总结了现有文献对大比热容区异常传热的理论解释，同时认为超临界压力下拟临界点附近物性的剧烈变化更容易解释异常传热的现象。

综上所述，虽然针对超临界压力下流体的传热及流动特性的试验研究已经进行了很多年，涉及的工质包括水、二氧化碳、氟利昂、液氮、液氢等多种物质，但是对超临界下的变物性复杂强制对流换热（传热强化及传热恶化）的机理还未真正弄清。现有的解释超临界异常传热的理论都有各自的试验依据，但是，截至目前，国际上还未对超临界异常传热机理达成一致看法，因此，超临界压力下流体的传热特性还需进一步深入研究。此外，虽然前人的试验研究涵盖了垂直、水平以及倾斜布置的光管、内螺纹管等，但共同点是热量由管壁传递给管中心的流体。在核反应堆中，热量是由燃料元件棒传递给外部流体，与常规的管内流动有很大不同，因此，超临界压力水在棒束等复杂通道内的流动与传热特性需要进一步详细研究。

（2）有关超临界流体的数值模拟

通过试验方法研究超临界流体的传热大多局限于对壁温和传热系数的分析，而对传热有重要影响的物理量，如速度、湍动能、温度分布等无法直接测量。为了进一步弄清超临界流体的传热机理，众多研究人员通过数值计算的手段研究了超临界压力下流体的湍流换热。由于超临界流体特有的变物性流动，特别是在拟临界点附近存在非常大的突变，可能会带来强烈的局部二次流、浮升力以及热加速作用，给数值模拟工作带来了严重的挑战。

最早通过数值计算方法研究超临界流体传热的是 Deissler[75] 和 Goldman[76]。Deissler 对管内流动的传热方程和剪切力方程进行了求解，提出了近似计算壁面附近湍流扩散率的方程，并将该方程应用到求解超临界传热的问题中。通过比较计算结果与以水为工质的试验数据之后，发现二者吻合较好，但是并未给出以水为工质的试验数据与其计算结果的对比。之后的研究者的研究表明，这种方法只能在定性上吻合超临界水的试验数据。Goldman 在相似的处理方法下求解了传热方程和剪切力方程，但是 Goldman 认为流体局部的涡流耗散率与流体性质关系很大，受某一区域内物性的变化影响很小。因此，他在涡流耗散率中修正了温度对物性的影响，并将修正后的涡流耗散率应用到超临界对流传热问题中。结果表明，计算得出的对流传热系数明显降低了，而且更接近试验数据。

Hess 与 Kunz[77] 使用与 Deissler[75] 相类似的方法比较了数值模型与超临界氢的试验数据，结果表明，二者在热流密度较低时吻合较好，当热流密度较高时，他们建议对 Von Driest 表达式中的衰减参数进行修正。考虑到模型修正后计算的复杂程度，他们推荐使用与计算结果非常相近的经验公式。用该经验公式计算超临界水和氢的传热时，计算结果与试验数据在定性上较为吻合。

Sastry 和 Schnurr[78] 在修正前人计算公式的基础上提出了二维混合长度模型，忽略了浮升力的影响，并假设沿流动方向上是轴对称的，同时忽略了轴向的黏性耗散与导热作用。与一维模型相比，二维模型的最大不同是考虑了轴向对流的影响。通过比较计算结果与超临界水、二氧化碳的试验数据，发现二者在壁温低于拟临界温度时符合很好，但是在拟临界点附近则偏差较大。

Hauptmann 等[79] 在数值研究垂直上升流动时没有使用混合长度模型，而是采用了 $k-\varepsilon$ 湍流模型。他们将计算得出的速度分布和温度分布与 Wood 等人[80] 通过试验手段测量速度、温度场的结果进行了对比，结果表明二者在热流密度较低时吻合较好。他们还通过计算得出了速度与剪应力沿流动方向的分布，发现当热流密度较高时，某一截面的最大值会从管道中心向壁面移动。

Renz 和 Bellinghausen[81] 采用 Jones – Launder 低雷诺数模型研究了超临界水的流动及传热特性。考虑到重力作用，Renz 在模型中加入了附加修正项。计算结果表明，低热流密度时拟临界焓值区的传热强化可以归结为比热容的剧烈增加。热流密度较高时，在垂直上升管中可以在很宽的焓值范围内观测到传热恶化，随着热流密度的进一步增大，虽然发生传热恶化的焓值区间变小了，但是壁温飞升更加剧烈，传热恶化程度变得更为严重。Renz 认为近壁面湍流结构的改变以及热加速对湍流的抑制作用最终导致了传热恶化的发生。

Koshizuka 等[82] 采用 Jones – Launder 低雷诺数模型计算了超临界水在内径为 10mm 的垂直圆管中的二维流动与传热问题。将计算结果与 Yamagata 等人[68] 的试验数据进行了对比，发现低雷诺数模型具有很好的预测超临界传热的能力。Koshizuka 详细分析了高雷诺数和低雷诺数下的传热恶化现象，认为传热恶化的发生与黏性底层的增加有关，自然对流导致的浮升力是造成传热恶化的主要原因。Koshizuka 在数值计算的基础上提出了一个经验关联式，用于预测超临界水的对流传热系数。

Gallaway 等[83] 用数值计算的方法研究了超临界水在三维环形通道内的传热问题，模型长度为 4m，水力直径为 4mm，采用 CFD 计算软件 NPHASE。研究中比较了不同物性数据库对计算结果的影响，发现 NIST 数据库与 NBS 数据库存在一定的差异。计算结果给出了流体温度、密度、导热系数及比热容沿纵向某一截面的分布规律，同时比较了沿管长不同轴向位置处的速度、密度以及导热系数的变化。Gallaway 认为超临界压力下的传热强化是由近壁面处比热容的突变引起的，随着压力越接近临界压力，传热强化的程度越明显。

Cheng 等人[84]应用计算流体动力学软件 CFX 计算了超临界水在圆管及棒束子通道内的流动与传热特性，并使用不同湍流模型对超临界水的流动与传热特性进行了比较并发现，ε 型的湍流模型比 ω 型的湍流模型有更好的预测效果；而在 CFX 软件所包含的几种 ε 型湍流模型中，SSG 和 LRR 二阶模型与试验数据吻合最好。对棒束子通道内热工水力特性的数值研究表明，四边形布置的棒束子通道相比三角形布置的棒束子通道具有更强的不均匀流动；此外，当 $P/D = 1.1$ 时，近壁面通道内的传热系数要比通道中心的传热系数低 4 倍左右。

Yang 等[85]采用 CFD 计算软件 STAR – CD 模拟了超临界水在垂直上升流动的圆管和棒束子通道内的传热问题。研究中比较了十三种湍流模型与近壁面处理方法的组合，结果表明 Hassid – Poreh 两方程模型具有较好的预测超临界流动与传热的能力，同时标准 $k - \varepsilon$ 湍流模型与增强型壁面函数法也能够较好地预测超临界水的换热。在棒束子通道中，强烈的不均匀流动是由横截面上不均匀的流通截面积所造成，这种不均匀流动在四边形布置的棒束子通道内更为明显。

综上所述，许多研究者对超临界下流体的流动及传热问题进行了数值分析，从传统的圆管、内螺纹管、环形通道以及结构复杂的棒束通道，对超临界压力下的流动和传热现象有了定性的认识和基本的理论解释。截至目前，国际上一致认为使用数值计算方法模拟超临界流体的流动与传热的最大困难在于湍流模型。由于超临界流体特有的物性变化，特别是在拟临界区存在突变，使得现有的湍流模型难以十分精确地模拟这种物理变化。因此，修正现有的湍流模型或开发更为精确的模型以便更好地预测超临界压力下的流动与传热是今后数值模拟研究的一个重要方面。

2 试验系统和试验方法

2.1 试验系统

为模拟超临界水冷堆(SCWR)燃料元件的实际工作条件,本试验在西安交通大学动力工程多相流国家重点实验室的高温高压汽水两相流试验台上进行。为进行本试验,在原试验系统的基础上设计了新的试验回路。

试验回路系统流程如图2-1所示,储存在高位水箱中的去离子水经由过滤器过滤后进入高压柱塞泵升压,然后分两路进入试验回路。其中一路为旁路系统,目的在于通过阀门组来调节主路的压力和流量;另一路是试验主回路,试验工质经由流量调节阀和质量流量计调节流量,然后进入套管式换热器和电加热预热段,将试验工质加热到给定工况后进入试验段。从试验段流出的工质经过套管式换热器和冷凝器后回到高位水箱,完成一次循环。

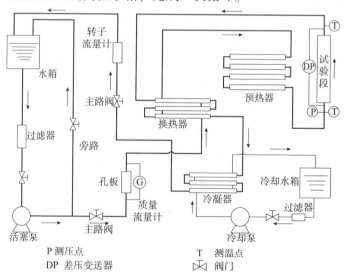

图 2-1 试验系统图

高压柱塞泵可以提供的最大压力为 42MPa，最大流量为 $4.5t \cdot h^{-1}$。整个试验回路，除试验段可根据试验要求灵活变更之外，其余部分都采用 1Cr18Ni9Ti 不锈钢管制成。试验所用工质为去离子水，由实验室的去离子水处理系统制成，硬度为 0，电导率小于 $0.5\mu s \cdot cm^{-1}$，可以保证受热管壁面不结垢、不腐蚀，从而保证流动和传热过程的可靠性和准确性。

本试验采用电加热的方式，在试验段和各级预热段上通以低电压、大电流的交流电，通过不锈钢管自身电阻所产生的焦耳热来加热管道内的工质。预热段分为七段，分别由四台 100kW 及三台 180kW 的大电流变压器分段加热，可根据具体试验工况灵活选择投入功率。试验段由一台大电流变压器加热，最大加热功率为 250kW，再生式换热器也可回收约 2/3 的热量，因此系统最大加热功率可达 1.5MW 以上。试验段、预热段等所有加热管路都采用硅酸铝陶瓷纤维包覆，以减少向外界环境的散热量。

2.2 圆环形通道试验段设计

本试验用电加热的方式模拟超临界水冷堆燃料元件棒的发热，热流密度高达 $1MW \cdot m^{-2}$，需解决燃料元件模拟件与外壳体的电绝缘问题，因而结构复杂。试验压力高达 28MPa，试验段壁温超过 650℃，需解决高温、高压条件下的密封、绝缘等问题。燃料元件模拟件沿轴向的内壁面需布置若干温度测点，但其狭小的内腔不足以布置过多的热电偶，因此，壁温的测量也是难点之一。

2.2.1 试验段结构

试验段是将 $\phi8 \times 1.5mm$ 的不锈钢内管置于内直径分别为 $\phi12mm$、$\phi16mm$、$\phi20mm$ 的不锈钢外管内，形成具有 2mm、4mm 及 6mm 的同心圆环形通道，试验段结构如图 2-2 所示。

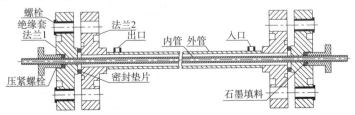

图 2-2　环管试验段结构示意图

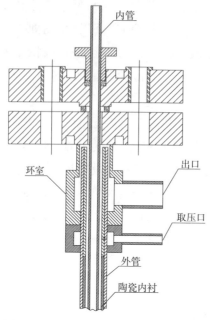

图 2-3　进、出口均流环室结构示意图

本试验中水的压力和温度分别达 28MPa、600℃，且需保证内、外管间的电绝缘，因而法兰的设计、加工、装配有非常高的要求。本试验所使用的法兰是重要的承压部件之一，面临着高温、高压、绝缘密封等各种苛刻条件的约束，采用如图 2-2 中所示的双重密封结构。法兰 2 和外管焊接，法兰 1 和法兰 2 之间的绝缘密封采用平面密封结构，密封材料为覆盖绝缘涂层的齿形垫片；法兰 1 和内管之间形成填料函，通过压盖对密封填料石墨的挤压实现密封。

在本试验中外部水引入管和试验段之间呈直角，因此入口效应对试验段流场的影响非常明显。要减小入口效应，方法之一即将试验段加长，过长的试验段在受热膨胀后热膨胀量过大，必将引起环形流道几何结构的改变。为减小入口效应对圆环形试验段流场及传热的影响，在试验段的入口及出口处采用如图 2-3 所示的环形腔室结构。环形腔室在预热段和试验段之间形成一个缓冲，可有效减小入口效应的影响。

2.2.2　密封结构

本试验由于工质压力、温度较高，且内外管需绝缘密封，因此两片法兰之间的密封垫片选择成为一大难点。在前期试验中，尝试采用国内外各型号石棉橡胶垫片及特种垫片，但均无法满足要求。试验情况如表 2-1 所示。

表 2-1　密封垫片打压试验泄漏统计

垫片类型	厚度/mm	压力/MPa	泄漏水温/℃
石棉橡胶(350)	4	25	120
石棉橡胶(450)	4	25	230
石棉橡胶(450)	2	25	225
石棉(新型)	5	25	390

垫片类型	厚度/mm	压力/MPa	泄漏水温/℃
石棉(新型)	4	25	277
Flexitallic715	3	27	605
Flexitallic715	3	25	556
Flexitallic715	3	23	430
Flexitallic816	2	25	600
Flexitallic816	2	25	530

国产石棉橡胶类垫片均不能满足要求,对美国 Flexitallic715 型垫片进行多次试验,上表列举了其中三次试验的参数,当工质压力为 25MPa,温度低于 400℃时,密封性能比较稳定,当温度高于 400℃时,泄露就会时有发生,密封性能极不稳定。

如表 2-1 所示,Flexitallic816 型垫片在工质参数为 25MPa、500℃可以满足密封要求,但当温度超过 500℃,性能变得很不稳定,且其结构为薄片型金属芯体冲孔覆盖绝缘层,密封性能受加工精度影响很大。其另一缺点是不能重复使用,在法兰拆卸后必须更换,因此无法满足本试验的要求。图 2-4 所示为前期试验中所使用的部分石棉橡胶类密封垫片。

经过近一年的实验,发现国内外所能找到的绝大多数垫片均不能满足使用要求,最后委托美国 Flexitallic 公司针对本试验设计专门的垫片,其垫片结构形式为金属齿形芯体加绝缘层,如图 2-5 所示。

图 2-4　前期试验中所损坏的石棉橡胶密封垫片　　图 2-5　美国 Flexitallic 公司齿形密封垫片

此垫片在工质参数达 28MPa、600℃时可以满足密封要求,性能良好,但缺点是法兰经过拆卸后其表面绝缘层容易剥落,从而导致泄露或者漏电。在本试验中,内管经常烧毁,拆卸试验段非常频繁,因此,这一密封垫片依然不能满足试验要求。

经多次试验，现已研制成功一新型垫片，如图2-6所示。垫片结构是金属齿形芯体外覆绝缘层形式，通过对金属齿形芯体的优化设计及选择相应的外覆绝缘层，可以很好地满足使用要求。

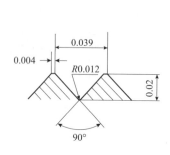

图2-6 试验中使用的齿形密封垫片

2.2.3 试验段内管热膨胀解决方案

由于环形试验段内管通电，而外管与内管电绝缘，因此内管温度高于外管，相应内管的轴向膨胀量也大于外管。在内管壁温为600℃、外管壁温为300℃以及试验段长度为2m的情况下（以室温20℃下的管长作为基准），热膨胀量分别为：

内管热膨胀量 $\Delta L_1 = L_0 \alpha \Delta t = 2.0 \times 17.5 \times 10^{-6} \times (600 - 20) = 0.0203\,m$

外管热膨胀量 $\Delta L_2 = L_0 \alpha \Delta t = 2.0 \times 17.5 \times 10^{-6} \times (300 - 20) = 0.0098\,m$

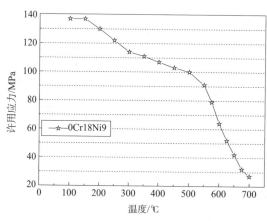

图2-7 内管许用应力随温度变化曲线

内、外管热膨胀量差值为 $\Delta L_1 - \Delta L_2 = 0.0203 - 0.0098 = 0.0105\,m = 10.5\,mm$

式中 L_0 为试验段长度，α 为热膨胀系数。

由于试验工况苛刻，在有些工况下压力波动最高可至30MPa，内管壁温达750℃。以内管材料为304不锈钢（0Cr18Ni9）为例，如图2-7所示，当壁温高于450℃时，许用应力急速衰减，在700℃时，其许用应力为27MPa，只有450℃时的25%。因此，当管壁温度高于450℃时，内管的力学性能将变得很不稳定。虽然从试验段结构来看，填料函密封结构使内管具有一定的轴向伸缩度，但由于内、外管轴向膨胀量差别较大，同时内管管径小，在高温下自身就是柔性的，在较高温度下极有可能发生弯曲变形，与外管之间放电击穿。在初期试验中，内管烧毁现象时有发生，如图2-8所示。

为消除内管在高温下的膨胀变形带来的不良后果，保持环形通道的几何结构稳定性，在本次试验中采取了一系列措施。措施之一是在内管上端进行改造，在端面上焊接柔性铜辫，长度为5cm。柔性铜辫的作用在于可以有效吸收内管受热后的膨胀量，因此，对内管受热膨胀所引起的环形流道几何结构的改变有较好的预防作用，图2-9所示为增加柔性结构后的内管示意图。

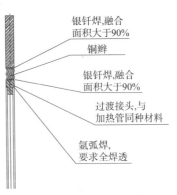

银钎焊,融合
面积大于90%

铜辫

银钎焊,融合
面积大于90%

过渡接头,与
加热管同种材料

氩弧焊,
要求全焊透

图2-8 放电击穿所损坏的内管　　图2-9 内管柔性结构示意图

柔性结构虽然可以有效消除内管在高温下的膨胀，但是弊端同样明显，即由于刚性不足很容易造成内外管之间的不同心，从而影响环形流道的尺寸精度，因此，必须在内外管之间设置定位装置。定位装置既可以保持环形流道几何结构的稳定性，又可以防止在特定工况下出现的流致振动。

图2-10所示为其中一种定位方式，即在试验段的轴向特定位置设置若干支撑点，每个支撑点是由在一个截面上周向均分的三个细小陶瓷棒组成。以间隙为4.0mm的环腔为例，在内管周向的三个支撑点处，垂直焊上直径为1.0mm，长度为7.0mm的不锈钢丝，然后在丝上套上$\phi 3 \times 1.0$mm，长度为5.0mm的陶瓷套管。

本书是以超临界水冷堆（SCWR）为研究背景，在已知的关于堆芯燃料元件的概念设计中，某些燃料元件棒间的定位采用了螺旋绕丝型定位隔架这一形式，其作用除了在燃料元件寿期内有效保持冷却剂流道几何稳定性，还有助于借助螺旋绕丝定位隔架所引起的扰流强化换热，因此，在本试验中也采用了螺旋绕丝型定位装置这一形式。图 2-11 所示为本次试验中所使用的一种螺旋绕丝定位装置的示意图，螺旋绕丝沿内管轴向长度为 10cm，螺旋升角为 45°，一个螺距为 5cm。

图 2-10　内管定位装置示意图

图 2-12 所示为本次试验中所使用的另外两种定位装置，材质为不锈钢。由于这两种定位装置为金属材料，因此，在内管和外管所形成的环腔内设置了陶瓷绝缘套筒，目的在于保证试验段内管和外管之间的电绝缘。

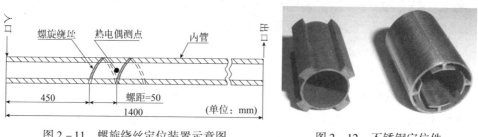

图 2-11　螺旋绕丝定位装置示意图　　　　图 2-12　不锈钢定位件

2.2.4　试验段加热方式

试验工作段的内管是通过直接通电的方式进行加热，并能实现可变热流密度的加热条件。本试验通过与内管两端头相配合的铜极板所连接的大电流变压器，依靠电流流过内管产生的焦耳热实现试验段的加热，进而加热试验段内的工质。

由于通电后在试验段两端头无冷却区域温度过高，从而对密封结构造成不利影响，因此，在内管的两端头采用镀银这一方式来降低局部电阻，从而使局部发热显著减小，如图2-13所示。

图 2-13　试验段内管端部示意图

2.3　试验参数测量及数据采集

2.3.1　试验参数测量

本试验中主要测量参数有加热功率、试验工质水的温度及流量、压力、试验段差压、圆环形试验段内管内壁面温度，所使用的测量仪表如表2-2所示。

表 2-2　测量仪表一览表

测量参数	参数范围	测量仪表	输出	精度
流量	0～3500kg/h	RHEONIK 质量流量计	1～5V	0.05%
压力	0～30MPa	Rosemount 压力变送器	1～5V	0.075%
压差	-10～+200kPa	Rosemount 差压变送器	1～5V	0.075%
工质温度	20～700℃	ϕ3mm，K 型热电偶	—	0.4℃
壁面温度	20～750℃	ϕ0.2mm，K 型热电偶	—	0.4℃
加热功率	0～250kW	FS-14 交流变压器	1～5V	0.2%
	0～2500A	HL-19 电流互感器	1～5A	0.1%
	0～5A	FS-13 交流互感器	1～5V	0.2%

工质流量由 RHEONIK 质量流量计测量。试验段流体压力采用 Rosement 智能压力变送器测量，取压口位于试验段入口环室处，试验段压差采用 Rosement 智能差压变送器测量。在每次试验前，采用智能通信器对差压变送器进行调零，以消除测量干扰。

试验段和预热段的电加热功率由实际测得的电压和电流有效值计算得到。加到试验段及预热段上的 0～50/75V 交流电压经交流电压变直流电压变换器转换成

1~5V 的直流电压信号；加到系统上的 0~2500/5000/10000A 交流电流经电流互感器转换成 1~5A 的交流电流，再经过交流电流变直流电压变换器转化成 1~5V 的直流电压信号。

工质温度采用 ϕ3mm 镍铬 - 镍硅铠装热电偶测量，本次试验在各级预热段的进出口及试验段的入口和出口共布置了 10 个温度测点。圆环形试验段的内管内壁面温度采用滑动热电偶或固定式热电偶测量。

2.3.2 壁温测量热电偶

本试验中圆环形试验段内管为 ϕ8×1.5mm 的不锈钢管，内直径仅有 5mm，长度超过 1m。由于试验段内管内腔空间狭小，因此，在 1m 长的轴向长度上如何准确测量内壁面温度成为一个非常棘手的问题，本次试验中专门研制了两种壁温测量装置，即滑动热电偶及固定弹簧热电偶。

(1)滑动热电偶

以往常规测量金属壁面温度的方法是点焊法，即利用电容放电会产生瞬间高温这一原理，将 NiCr - NiSi 热电偶点焊在金属管的外壁面上。由于圆环形试验段内管内腔空间狭小，热电偶无法点焊在内壁面上，因此，为测量内壁面温度研制了滑动热电偶装置。

滑动热电偶由两部分组成，即测温探头及驱动机构，如图 2 - 14 所示。测温探头通过金属弹片的弹性力作用，在热电偶与内管内壁面之间产生一个垂直于壁面的压紧力，从而使热电偶和待测壁面紧密接触。金属弹片的设计经过多次重复试验，弹力过大的缺点是测温探头在驱动机构作用下和壁面发生相对运动时摩擦力过大，由于连接杆长径比很大刚性不足，会造成驱动机构和测温探头之间的运动不同步，产生误差。本次试验中金属弹片弹力合适，将滑动热电偶与常规点焊法所测数据进行对比，滑动热电偶与管壁之间的接触热阻完全可以忽略。

测温探头的旋转运动由步进电机 2 驱动，通过齿轮组 6 传动实现 360° 范围内的旋转运动。轴向移动由步进电机 3 驱动，通过丝杠 5、导轨 8 和齿轮 7 的联合运动实现。测温探头的具体运动动作根据试验要求通过可编程控制器实现，应用上位机组态软件或文本操作器均可满足具体试验要求。图 2 - 15 所示为上位机组态图，点击按钮，即可实现相应功能。

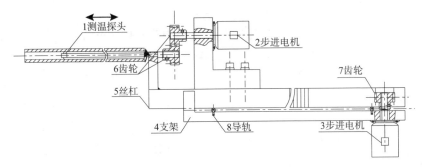

图 2 – 14 滑动热电偶驱动机构示意图

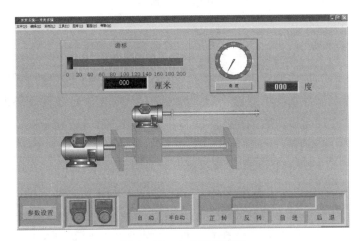

图 2 – 15 上位机组态图

（2）固定弹簧热电偶

使用滑动热电偶最主要的缺点在于某一时刻只能监测某一点处的壁温。在本试验中圆环形流道内放置有多种形式的定位扰流件，因此传热恶化的具体发生位置无法事先预测，使用滑动热电偶有可能无法及时监测到传热恶化的发生，从而导致试验段的烧毁。基于这一情况，在本试验中采用另一种固定式壁温测量方法。

试验中沿内管轴向选择若干测温截面，间距依次从 100～250mm 不等，每个截面布置一个测温探头。由于内管内径只有 5mm，无法把热电偶直接点焊于内壁面，经过多次试验，将热电偶点焊在不锈钢弹簧上从而成为一个带有弹性的温度测量探头，根据测点位置把测温探头一次性装入试验段，利用不锈钢弹簧的弹力使其与壁面紧密接触，从而完成对内管内壁温的测量。将其与常规点焊法所测数据进行对比，固定弹簧热电偶与管壁之间的接触热阻完全可以忽略。

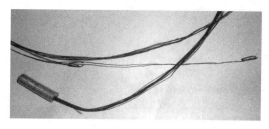

图 2-16 所示为在试验中使用的 ϕ0.2mm 镍铬 - 镍硅热电偶，使用中发现当管壁温度过高时，在法兰与极板处冷却不足的区域及某些不确定的位置，热电偶丝的绝缘包皮由于高温而损坏，从而使电偶丝与管壁之间不绝缘，

图 2-16　固定弹簧热电偶示意图

形成局部电流回路，导致测温不准确。经大量试验，采取在热电偶丝表面覆盖一层耐高温绝缘涂料的方式，使这一问题得以解决。

2.3.3　试验数据采集系统

本试验中需测量工质压力、流量、工质和壁面温度及加热功率等诸多参数，以期获得涵盖超临界水冷堆概念堆型设计参数的较宽泛参数条件下环形通道的传热特性，本试验工况多、数据量大，获得准确可靠的试验数据是进行理论分析的必要基础。在试验中所有数据均由英国 Schlumberger 公司生产的 Solartron IMP3595C 分散式数据采集系统进行采集。其优点为：①功耗低、热稳定性好(使用 CMOS 元件)；②数据传输精度高，且速度快，采用 16 位脉冲调宽模/数转换技术；③本次试验中因数据量较多使用多块采集板，且每块 IMP3595C 采集板均有数据处理功能，采取分布式的数据采集方式可以有效保证数据采集速度不会受到所使用 IMP 板数量的影响；④IMP3595C 采集板具有放大器零点漂移自动更正的特点，可有效保证测量精度；⑤可对各种类型的热电偶自动进行冷端补偿，进一步提高测量精度。

数据采集系统的软件系统由两部分组成：一部分为 IMP 板数据采集系统驱动程序，此程序由汇编语言编写，可以完成用户程序与 IMP 板之间的通信；另一部分是用 C 语言编写的数据采集程序，其功能为在试验进行过程中将所有监测数据实时显示在终端计算机屏幕上，以便进行参数的调控和监视，并可实现数据的采集、存盘、预处理等功能。

2.4　试验方法

由于环形试验段加热后内外管热膨胀不匹配等诸多难点，采用超临界水冷堆概念设计中同样长度的管长做试验比较困难，因此采用定热负荷为主的模化试验方案。即在试验段内工质的压力、质量流速和热负荷保持一定的条件下，逐步增加预热段的加热功率，提高试验段入口工质温度，从而实现试验段特定截面处的工质焓值不断增大，将特定截面处的试验数据进行叠加，以达到全面考察超临界水冷堆从堆芯入口至出口范围内燃料元件棒的传热特性。具体试验步骤如下：

（1）启动整个试验系统，观察各种信号是否正常，并对压力及差压变送器调零，以消除因环境因素导致的变送器零点漂移对测量精度的影响；

（2）开启冷却塔以及预热段和试验段电加热设备的冷却水系统；

（3）启动高压柱塞泵同时调节主回路以及旁路的相应阀门，将工质的压力和流量调节至试验工况；

（4）根据试验需要开启预热段及试验段的相应电加热系统，并使其稳定在预定的热负荷值；

（5）通过逐步增大预热段电功率的方式将试验段进口处工质温度逐步提高，在每次调节后需等待一段时间，当确定工质已达到热平衡后方可采集试验数据，一般采集30组数据取其平均值，以确保随机误差的影响可以忽略，当试验段壁温达到其使用极限值时停止增加功率，得到特定压力、热流密度、质量流速条件下，试验段特定截面处对应不同工质焓值或干度的一组壁温数值，至此完成一个试验工况；

（6）调节试验段工质压力、质量流速及热负荷至另一试验工况，重复试验步骤（5），完成另一试验工况，以此类推，可完成多次试验。

2.5 试验工况

本次试验以超临界水冷堆概念堆型为研究背景，试验参数范围涵盖超临界水冷堆设计参数，其试验参数范围如表2-3~表2-5所示。

表2-3 2mm环腔间隙试验参数表

压力/MPa	质量流速/(kg·m⁻²·s⁻¹)	热流密度/(kW·m⁻²)
23	700、1000	200、400、600、800、1000
25	700、1000	200、400、600、800、1000
28	700、1000	200、400、600

表 2-4 4mm 环腔间隙试验参数表

压力/MPa	质量流速/$(kg \cdot m^{-2} \cdot s^{-1})$	热流密度/$(kW \cdot m^{-2})$
23	400、700、1000、1500	200、400、600、800、1000
25	400、700、1000、1500	200、400、600、800、1000
28	400、700、1000、1500	200、400、600、800、1000

表 2-5 6mm 环腔间隙试验参数表

压力/MPa	质量流速/$(kg \cdot m^{-2} \cdot s^{-1})$	热流密度/$(kW \cdot m^{-2})$
11	350、700、1000	200、400、600
15	350、700、1000	200、400、600
19	350、700、1000	200、400、600
23	400、700、1000	200、400、600、1000
25	400、700、1000	200、400、600、1000
28	400、700、1000	200、400、600、1000

3 试验数据处理方法

本试验在较宽泛的参数范围内对环形通道内水的换热规律进行了系统研究，试验段内工质的传热涉及单相过冷水流动传热、汽水两相流沸腾传热、汽化后过热蒸汽传热以及超临界压力下流体的流动传热。

3.1 单相流动传热的数据处理

本次试验所用试验段均为和地面垂直的布置方式，且电加热方式为全周均匀加热，在这种情况下可以忽略壁温和传热的周向不均匀性，因此，试验段任一计算截面处的局部传热系数必然等同于平均传热系数。局部传热系数根据传热学的相关定义由下式求得：

$$h = \frac{q}{t_w - t_f} \qquad (3-1)$$

式中　t_f——试验段计算截面处的流体温度，对于单相水、过热蒸汽及超临界压力水的流动传热而言，由于试验段热负荷在轴向及周向均是均匀分布，其焓增沿试验段轴向是均匀增加的，因此可采用内差法计算，由试验段进出口工质焓值内插获得计算截面处的工质焓值，再根据水蒸气热物性计算程序由压力及焓值求得该截面处的流体温度；

　　　　t_w——试验段计算截面处的流体侧壁温，在本次试验中环形通道内管气侧壁温由热电偶直接测得，由于沿管长方向的轴向导热可以忽略，因此对于本次试验中均匀加热的垂直圆管，由气侧壁温推算水侧壁温就成为一个具有均匀内热源的一维导热问题，具体求解方法参照周强泰[86]提出的一维电加热厚壁管内壁温计算方法，采用 Marclaurin 级数展开法进行求解；

　　　　q——流体侧壁面热流密度，由热效率 η、电加热功率 Q_E、管径 d 和加热段有效长度 L 计算得到：

$$q = \frac{\eta Q_E}{\pi dL} \tag{3-2}$$

电加热功率由实际测得的交流电压及电流有效值求得：

$$Q_E = EI \tag{3-3}$$

电加热试验段在达到热平衡后的吸热效率由工质焓增与电加热功率的比值求得，如式（3-4）所示。试验段进出口焓值由进出口流体温度及压力通过水蒸气热物性计算程序求得，吸热效率的计算公式仅适用于单相流动传热，本次试验中热效率在 0.90 ~ 0.96 之间。对于两相流动沸腾传热，若工质温度为饱和温度，将无法由式（3-4）求得热效率，此时可找出一组在试验段出口已经达到过热的工况来计算其热效率，并以此作为本次试验的热效率。

$$\eta = \frac{H_{out} - H_{in}}{Q_E} \tag{3-4}$$

3.2 汽液两相沸腾传热的数据处理

在亚临界压力下，过冷水在流经预热段和试验段时沿管长不断吸收热量，依次历经过冷水段、汽液两相沸腾段和过热蒸汽段这几个阶段，在两相沸腾段中，准确计算出干度的数值是传热计算不可或缺的前提。在本次试验中，沸腾起始点在有些工况下发生在预热段，仅通过试验段的热平衡不能直接求出试验段特定截面的干度，需首先计算出沸腾起始点的准确位置。

在本次试验中共有 7 级预热段，在每级预热段的进出口处都布置了铠装热电偶，可对管内工质温度直接测量。在试验中，由每一级预热段进出口工质温度的具体读数，即可判定沸腾初始发生在哪一级预热段。在试验中每次调节工况后都会等待系统达到平衡后才进行数据采集，因此，可以认为在该预热段中汽相和液相处于热力学平衡状态，则在沸腾起始预热段中过冷段长度可以通过下式计算：

$$L_{sc} = \frac{GAc_p \Delta T_{sub}}{\pi D q_{pre}} \tag{3-5}$$

式（3-5）中过冷度根据该级预热段的压力所对应的饱和温度及进口工质温度确定，热负荷为该级预热段的平均热负荷，具体计算方法可参考式（3-2），至此试验段特定截面处的干度可由下式求得：

$$x = \frac{\pi D(L_1 - L_{sc}) q_{pre} + \sum \pi D_n L_n q_n + \pi D z q}{A G H_{fg}} \tag{3-6}$$

上式分子共有三项：第一项为沸腾起始预热段中沸腾段的吸热量；第二项为沸腾起始预热段之后其他所有发生沸腾的预热段吸热量之和；第三项为试验段入口至试验段特定计算截面之间部分的工质吸热量。第三项中 $z = L$ 时，即可求得试验段出口干度。

3.3 传热恶化的判断

在传热恶化现象发生时，壁温飞升的速率及幅度并没有较明确的量化值，在本试验中，当试验段某一截面处热电偶检测的壁温值与相邻截面的壁温之差过大，抑或某一截面处壁温快速飞升（飞升速率大于 $5℃ \cdot s^{-1}$），即可初步认定此处发生了传热恶化。

3.4 水和水蒸气的热物理性质计算

本试验在对试验数据的处理及后期分析中，大量涉及水的热物理性质，因此，对水的热物理性质的准确计算是后期分析的前提条件。本试验采用根据居怀明等[888]提出的计算方法编写的 WST 程序来计算水的热物理性质。

WST 程序采用了第十届国际水蒸气会议所推荐的最新数据，采用无因次折合量方程拟合数据，并通过划分子区域等技术手段以提高数据的准确度。水和水蒸气热力学性质的计算采用第六届国际水蒸气会议的国际公式化委员会（IFC）所推荐的计算公式。同时，采用南山和亚历山德罗夫方程组作为水的迁移性质计算式。

使用 WST 程序计算过冷水及过热蒸汽的密度时，个别数据不在 1985 年国际骨架表所允许的误差范围内，但偏差小于万分之一；焓值的最大偏差为千分之五；密度的最大偏差为千分之三；WST 程序计算的过冷水及过热蒸汽黏度与试验值的绝对偏差在 1975 年国际骨架表的允许范围内；导热系数与 1977 年国际骨架表给出的 638 个试验值比较，有 18 个数据点的绝对误差超出允许误差范围，最大相对偏差为 +7.6%。

在 WST 程序中，水的临界压力和临界温度分别定义为 $p_{cr} = 22.12MPa$ 和 $t_{cr} = 647.3K$。使用 WST 程序计算物性的数值与 1985 年国际骨架表相比较：饱和水及饱和蒸汽焓值偏差小于万分之八；饱和水及饱和蒸汽密度偏差小于万分之四；饱和压力偏差小于千分之一。

4　超临界压力区垂直圆环形流道的传热特性

自 20 世纪 50 年代起，随着电站锅炉工业的飞速发展，人们认识到在超临界压力下可以大幅度地提高锅炉热效率，因此，国际上就展开了针对超临界流体流动与传热特性的研究。迄今为止，大多数研究工作都是以大型电站锅炉中的传热与流动为背景，研究对象基本上是针对内螺纹管、光滑圆管等锅炉用管，而针对超临界水冷堆中燃料元件棒束间非圆流道内流动与传热的试验研究几乎没有。在反应堆堆芯内，核裂变产生的热量是从燃料元件棒内部释放并传给在堆芯内流动的冷却剂，属于管外流动与传热，这必然与圆管管内流动传热有所差别，并且，按照超临界水冷堆概念堆型的设计参数，其在启动及停堆阶段不可避免要经历拟临界区这一水的热物性剧烈变化的区域，这使堆芯内冷却剂的传热与流动不可避免地具有一定的特殊性。

本章主要研究在周向及轴向均匀加热条件下超临界压力水在垂直圆环形流道中的强制对流传热特性，讨论热流密度、质量流速及压力等参数对超临界水传热的影响，在试验的基础上详细分析超临界压力下流体的传热特性，探讨传热异常的发生机理，并以超临界水冷堆概念堆型设计参数为参考，在试验的基础上详细分析了燃料元件定位件对传热的影响，为超临界水冷堆燃料元件的设计提供了丰富的试验数据，为制定我国自己的超临界水冷堆设计和安全评定导则提供了坚实的基础。

4.1　超临界压力区水的热力学性质

水的临界压力和临界温度分别为 22.064MPa 及 374.1℃，并常以临界压力为界限将其区分为亚临界压力区及超临界压力区，原因在于：在这两个压力区水的流动与传热特性具有明显的差别。在亚临界压力区，当温度低于饱和温度时，存在液相和气相之间的两相平衡，其特点是定温定压，在这一阶段液相气化吸收的热量即为气化潜热。气化潜热随压力增高而减小，在临界点处，气化潜热为零，当压力和温度均高于临界点的值时，将不再有气液两相的区分，也就没有相界面的存在及相的变化。

热力学临界点区域水的热物性变化非常剧烈，在超临界区域，虽然热物性的变化没有在临界点处大，但其变化幅度依然十分可观。以往的研究资料表明，超临界压力区的水虽然可以看作单相流体，但其传热特性与其热物性密切相关，传热机理远较单相水复杂。对超临界水冷堆的概念设计而言，摸清在该区域水的传热规律，特别是传热恶化的发生机理及规律，是当前亟待解决的核心问题。因此，在讨论超临界水的传热特性之前，有必要对其热物理性质作一讨论。

4.1.1 定压比热容

在超临界压力区，存在比热容的峰值区，通常将对应于比热容最大值的温度称为拟临界温度，在拟临界温度附近的区域称为拟临界区。在这一区域，水的热物性变化剧烈，如图4-1所示，比热容的峰值随压力的减小显著增大，越靠近临界压力，物性的变化越剧烈。从图中还可以看出，拟临界温度随压力的增大而增大，而不同压力下的拟临界焓值则差别不大。

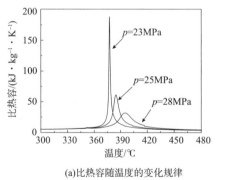
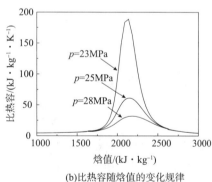

(a)比热容随温度的变化规律 　　　　　(b)比热容随焓值的变化规律

图4-1　压力对超临界水的比热容的影响

4.1.2 比容

如图4-2所示为超临界水的比容随压力和温度的变化曲线。从图中可以看出，在临界点附近，比容变化非常剧烈，在远离拟临界点的区域，比容随温度的变化趋势较为平缓。在重力场的作用下会发生比容的层化，再加上在拟临界区比容的剧烈变化，这些因素将会导致浮升力对流动与传热产生影响。同时，拟临界区比容的剧烈变化也造成了很大的等温压缩率，使得比容对压力的变化十分敏感。

4.1.3 黏性系数

图 4-3 所示为超临界水的黏性系数随压力和温度的变化曲线。从图中可以看出，在临界点附近，黏性系数变化非常剧烈，黏性系数随温度的变化曲线随着压力的增高而逐渐趋于平缓。由于超临界水具有类似气体的低黏性，因此，在这一区域内其流动特性就可能发生从黏性流到无黏性流的转变。

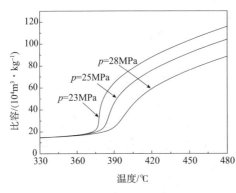

图 4-2　超临界水的比容随温度和
压力的变化规律

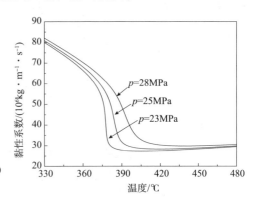

图 4-3　超临界水的黏性系数随温度和
压力的变化规律

4.1.4 导热系数

图 4-4 所示为超临界水的导热系数随压力和温度的变化曲线。从图中可以看出，在临界点附近导热系数有一明显的峰值，变化非常剧烈，随着压力的升高，导热系数随温度的变化趋势趋于平缓。

4.1.5 Prandtl 数

图 4-5 所示为超临界水的 Prandtl 数随压力和温度的变化曲线。从图中可以看出，Prandtl 数变化规律与比热容相类似，在拟临界点出现了明显的峰值，压力越接近临界压力，峰值越明显。Prandtl 数表示动量扩散率与热扩散率的比值，在常物性条件下则代表了速度边界层与温度边界层发展的相对大小。从图中可以看出，在超临界压力下动量扩散和能量扩散有很大区别。

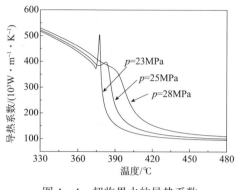

图 4－4　超临界水的导热系数
随温度和压力的变化规律

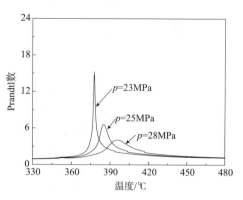

图 4－5　超临界水的 Prandtl 数
随温度和压力的变化规律

4.2　环腔间隙为 4mm 及 6mm 垂直圆环形通道的传热特性

4mm 和 6mm 间隙试验段具有相同的几何结构及温度测点布置形式，因此，其试验数据可以进行比较分析。图 4－6 所示为 4mm 及 6mm 环腔间隙传热试验段测点布置简图，沿内管轴向共布置了 6 个壁温测点，测点间距从 10～25cm 不等，基本涵盖了试验段整个轴向长度。

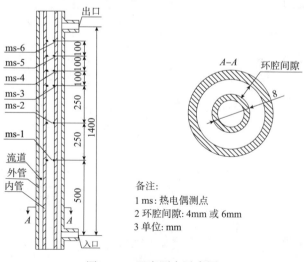

图 4－6　温度测点示意图

4.2.1 壁温分布

图4-7所示为4mm环腔间隙试验段在压力为25MPa、热流密度为1000kW·m^{-2}、名义质量流速为1000kg·m^{-2}·s^{-1}时,壁温沿试验段轴向的分布曲线。由于试验段长度较短,因此,分三段模拟超临界水冷堆堆芯高度方向全尺寸范围内的壁温特性。试验段入口水温分别为275℃、365℃及410℃,分别模拟堆芯下部、中部及上部的燃料元件棒壁温特性。从图中可以看出,沿试验段管长方向6个热电偶所测壁温呈现出依次平缓上升的趋势,没有出现温度波动或者某一个热电偶的温度明显偏高的情况,这说明传热恶化并没有发生,在这一工况下的传热属于正常传热的范畴。图4-8所示为6mm环腔间隙试验段在相同工况下的壁温分布特性曲线,将两者进行对比可以发现,6mm环腔试验段和4mm环腔试验段在这一工况下具有相类似的壁温分布特点,即壁温沿管长依次上升,没有观察到传热恶化现象的发生。压力为25MPa、热流密度为1MW·m^{-2}、质量流速为1000kg·m^{-2}·s^{-1}是超临界水冷堆(SCWR)的额定工况,可以看出对这两个试验段而言,在超临界水冷堆的额定工况下并没有发生壁温异常飞升的现象。

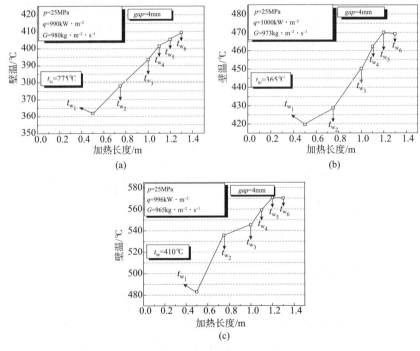

图4-7 沿管长方向壁温分布(4mm试验段)

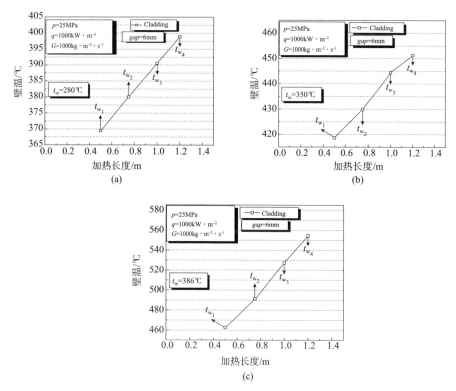

图 4 – 8　沿管长方向壁温分布（6mm 试验段）

图 4 – 9 所示为 4mm 及 6mm 环腔间隙试验段在压力为 25MPa，热流密度为 600kW · m^{-2}，名义质量流速为 340kg · m^{-2} · s^{-1} 时，壁温沿试验段轴向的分布曲线。从图中可以看出，在"t_{w_2}"位置处发生了明显的壁温飞升现象，在 4mm 环腔间隙试验段中，"t_{w_2}"与相邻截面"t_{w_1}"及"t_{w_3}"温差分别为 120℃和 80℃，这一差值在 6mm 试验段中分别为 140℃和 90℃。"t_{w_2}"与相邻截面"t_{w_1}"及"t_{w_3}"的轴向距离均为 25cm，在间隔只有 25cm 的金属壁面上温度差达到 100℃以上，这是典型的传热恶化的表现形式。在本次试验中，在一系列工况下都观察到了传热恶化现象的发生，其共同特点是在试验段某个位置处壁温明显偏高，和相邻热电偶的壁温测量值相差几十度到上百度不等。并且，发生传热恶化的工况有一个共同特点，即具有较低的质量流速和较高的热流密度。

从图 4 – 9 中可以看出，在相同的工况下，4mm 及 6mm 环腔试验段中均出现了传热恶化，且在试验段入口温度比较接近的情况下，传热恶化的发生位置及壁温波动幅度均具有相似性，因此，将"t_{w_2}"位置处的壁温随流体焓值的变化曲线进行了分析比较,如图 4-10 所示。从图中可以看出,在这两个试验段中传热恶化均发生在低于拟临界温度的区域(拟临界温度对应的焓值为 2137kJ·kg^{-1},如图中虚线所示),此时管壁温度高于拟临界温度,但管内工质主流温度低于拟临界温度。在本次试验中所观察到的传热恶化都具有这一特点,即其发生位置均处于低于拟临界温度的区域,大致在 1600~2000kJ·kg^{-1} 这样一个焓值范围之内,但是不同的工况及试验段,会有一点差别。从图中可以看出,6mm 环腔试验段发生传热恶化时,壁温随流体焓值的上升及下降幅度较为平缓,但在 4mm 环腔试验段中,壁温随流体的变化曲线在传热恶化区域较为陡峭,具有一个明显的峰值。这一现象表明,传热恶化的发生不仅仅取决于热负荷及质量流速等参数,试验段的具体几何参数也会影响到传热恶化的具体表现形式。因此,对于传热恶化的判定及传热恶化起始点的预测,除了热负荷及质量流速,流道几何结构也是一个必须考虑的问题。

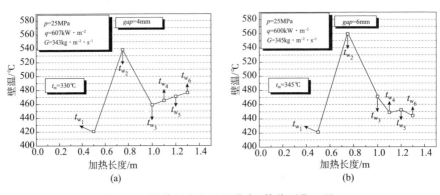

图 4-9　沿管长方向壁温分布(传热恶化工况)

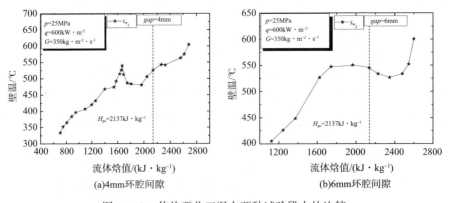

图 4-10　传热恶化工况在两种试验段中的比较

4.2.2　壁面热流密度对传热的影响

图 4 – 11 ～图 4 – 13 分别给出了压力 $p = 23\,MPa$、$25\,MPa$ 及 $28\,MPa$ 时热流密度对垂直上升 4mm 环腔间隙试验段传热特性的影响，图中横坐标为流体焓值，纵坐标分别为壁温及传热系数，各图都是在一定的压力和质量流速的条件下，考察不同热流密度对传热的影响。(需要说明的是，为排除入口效应的影响，本章中若不加特别说明，则理论分析所使用的试验数据均为靠近试验段出口处第五截面的数据，即图 4 – 6 中的 ms – 5 截面)。从图中可以看出，壁温随流体焓值的增加而增大，在其他条件相同的情况下，热流密度增大会导致壁温相应增大。从图中还可以观察到一个特殊现象，即壁温随焓值的变化曲线并不是单调上升，在拟临界点之前的某个焓值区间内，会有一个较平坦的区段，这个焓值区的范围大致在 $1600 \sim 2300\,kJ \cdot kg^{-1}$ 之间，这一现象说明在拟临界温度附近的区域内，会发生一定程度的传热强化，可有效改善壁面的换热状况。以图 4 – 12 中 $p = 25\,MPa$ 的典型工况为例，在热负荷为 $200\,kW \cdot m^{-2}$ 时，流体与管壁之间的温差在低焓值区 $1188\,kJ \cdot kg^{-1}$ 时为 20℃；在高焓值区 $3200\,kJ \cdot kg^{-1}$ 时为 34℃；而在拟临界区 $2168\,kJ \cdot kg^{-1}$ 时达到最小值 6℃；相应的传热系数分别为 $10.22\,kW \cdot m^{-2} \cdot K^{-1}$、$5.85\,kW \cdot m^{-2} \cdot K^{-1}$ 和 $31.71\,kW \cdot m^{-2} \cdot K^{-1}$。从图中还可以看出，热流密度达到 $1000\,kW \cdot m^{-2}$ 时的壁温曲线和其他曲线明显不同，在拟临界区域没有明显的平缓区段，且在整个焓值范围内，其壁温明显比其他较低热流密度的壁温曲线偏高。对这一现象的解释可以从前人提出的拟膜态沸腾理论中得到启发，即当热流密度不断升高至某个界限值时，加热壁面将被传热能力差的低密度薄流体层覆盖，从而导致在较宽广的焓值范围内，流体与壁面之间的传热受到明显的抑制，因此导致传热恶化的发生。从图中可以看出，当热流密度为 $1000\,kW \cdot m^{-2}$ 时，传热受到抑制的情况并不仅仅发生在拟临界区域，在较低的焓值区间壁温和主流温度的温差也很大，以图 4 – 11 为例，流体与管壁之间的温差在低焓值区 $1091\,kJ \cdot kg^{-1}$ 时为 109℃，在拟临界区 $2109\,kJ \cdot kg^{-1}$ 时为 108℃，在这两个焓值处的传热系数分别为 $9.10\,kW \cdot m^{-2} \cdot K^{-1}$ 和 $9.21\,kW \cdot m^{-2} \cdot K^{-1}$，虽然在这两个焓值处主流的热物性截然不同，但是其传热强度从数量上分析几乎完全一样，这说明其传热机理相类似，即过大的壁面热流密度导致壁面上附着一层传热性能较差的薄流体层，薄流体层的热阻决定着传热强度，而与热物性关系不大。

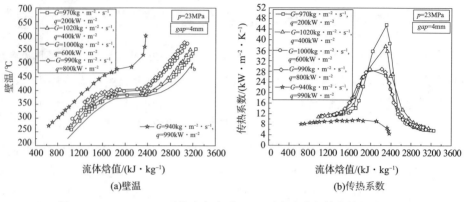

图 4-11　$p=23\,\mathrm{MPa}$ 时热流密度对 4mm 环腔试验段传热特性的影响

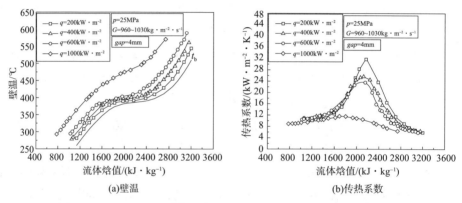

图 4-12　$p=25\,\mathrm{MPa}$ 时热流密度对 4mm 环腔试验段传热特性的影响

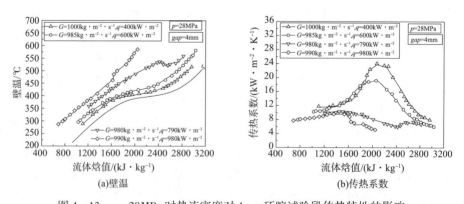

图 4-13　$p=28\,\mathrm{MPa}$ 时热流密度对 4mm 环腔试验段传热特性的影响

　　本次试验中传热强化主要发生在拟临界温度之前的区域内，并且，随着热负荷的增加，传热强化的区间范围(即壁温焓值曲线的平坦部分)逐渐减小，在热流密度达到 $1000\mathrm{kW}\cdot\mathrm{m}^{-2}$ 时，壁温随焓值单调增加，曲线中的平坦部分消失，这一现象说明减小热流密度能够改善传热特性，降低壁温。从图中可以看出，在远离拟临界温度的低焓值区和高焓值区，不同热流密度条件下得到的传热系数差别不大，但是，在拟临界温度附近的区域内，热流密度对传热系数影响很大，传热系数随热流密度的增加而降低。以 $p=23\mathrm{MPa}$ 的工况为例，在热流密度为 $200\mathrm{kW}\cdot\mathrm{m}^{-2}$ 时，最大传热系数为 $46\mathrm{kW}\cdot\mathrm{m}^{-2}\cdot\mathrm{K}^{-1}$，而在热流密度升高至 $990\mathrm{kW}\cdot\mathrm{m}^{-2}$ 时，最大传热系数降低至 $9\mathrm{kW}\cdot\mathrm{m}^{-2}\cdot\mathrm{K}^{-1}$，其比值大致为 5/1；当 $p=25\mathrm{MPa}$，热流密度为 $200\mathrm{kW}\cdot\mathrm{m}^{-2}$ 和 $1000\mathrm{kW}\cdot\mathrm{m}^{-2}$ 时的最大传热系数分别为 $32\mathrm{kW}\cdot\mathrm{m}^{-2}\cdot\mathrm{K}^{-1}$ 及 $11\mathrm{kW}\cdot\mathrm{m}^{-2}\cdot\mathrm{K}^{-1}$，其比值大致为 3/1；可以看出，热流密度对最大传热系数的影响非常大，并且，压力越接近拟临界压力，热流密度的影响越明显。当然，这并不代表当热流密度趋近于零时传热系数会趋于无穷大，理论上来讲会存在一个传热系数的极限值，当热流密度很小时，壁温与流体温度的差值很小，这时，壁温测量很小的误差就会给传热系数的计算结果带来很大误差，由于无法保证壁温测量结果的绝对精确性，因此，很难得到这个极限传热系数的精确值。

　　图 4-14~图 4-16 分别给出了压力 $p=23\mathrm{MPa}$、$25\mathrm{MPa}$、$28\mathrm{MPa}$ 时热流密度对垂直上升 6mm 环腔间隙试验段传热特性的影响，可以看出，在这两种试验段中热流密度对传热的影响具有很好的一致性，说明环腔间隙(水力当量直径)不会改变热流密度对传热的影响趋势。

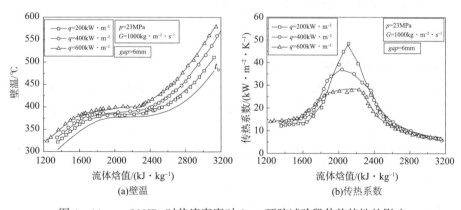

(a)壁温　　　　　　　　(b)传热系数

图 4-14　$p=23\mathrm{MPa}$ 时热流密度对 6mm 环腔试验段传热特性的影响

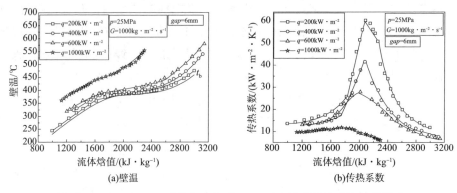

(a)壁温　　　　　　　　　　　　　　　(b)传热系数

图 4 – 15　$p=25\mathrm{MPa}$ 时热流密度对 6mm 环腔试验段传热特性的影响

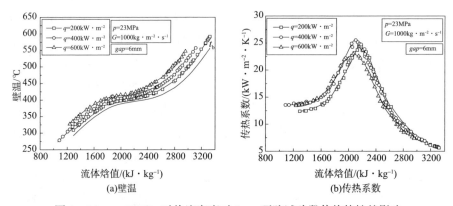

(a)壁温　　　　　　　　　　　　　　　(b)传热系数

图 4 – 16　$p=28\mathrm{MPa}$ 时热流密度对 6mm 环腔试验段传热特性的影响

4.2.3　质量流速对传热的影响

图 4 – 17 ~ 图 4 – 19 分别给出了压力 $p=23\mathrm{MPa}$、25MPa、28MPa 时质量流速对垂直上升 4mm 环腔间隙试验段传热特性的影响，图中横坐标为流体焓值，纵坐标分别为壁温及传热系数，各图都是在一定的压力和热流密度的条件下，考察不同质量流速对传热的影响。由图可以看出，在一定的热流密度和压力下，壁面温度随质量流速的增加而减小，当工质温度小于拟临界温度而管壁温度大于拟临界温度时，将会发生传热强化现象，此时在拟临界区域管壁与工质之间温差减小，传热系数明显增大。因此，质量流速的提高可以有效改善传热，降低管壁温度。由图 4 – 17 可见，在压力为 23MPa、热流密度为 600kW · m^{-2} 的条件下，质量流速由 350kg · m^{-2} · s^{-1} 提高至 1000kg · m^{-2} · s^{-1} 时，最大传热系数将由

$6.26\mathrm{kW}\cdot\mathrm{m}^{-2}\cdot\mathrm{K}^{-1}$升高至$28.81\mathrm{kW}\cdot\mathrm{m}^{-2}\cdot\mathrm{K}^{-1}$，其比率约为$1:4.6$，传热性能大幅提升，质量流速对传热的影响趋势在其他工况中也有相类似的表现。从图$4-17(a)$可以看出，质量流速为$700\mathrm{kg}\cdot\mathrm{m}^{-2}\cdot\mathrm{s}^{-1}$和$1000\mathrm{kg}\cdot\mathrm{m}^{-2}\cdot\mathrm{s}^{-1}$时，在拟临界区域壁温曲线有一个较明显的平坦区域，这说明在这一区域发生了一定程度的传热强化。但是，当质量流速减小至$350\mathrm{kg}\cdot\mathrm{m}^{-2}\cdot\mathrm{s}^{-1}$时，壁温曲线呈现出随焓值单调上升的趋势，且无论在拟临界区还是在远离拟临界区的低焓值区和高焓值区，壁温和主流的温差始终维持在一个较大的数值，其传热系数在$1200\sim2600\mathrm{kJ}\cdot\mathrm{kg}^{-1}$的宽广焓值范围内始终小于$7\mathrm{kW}\cdot\mathrm{m}^{-2}\cdot\mathrm{K}^{-1}$，这说明对一定的热流密度而言，质量流速下降至某个极限值时，传热机理将发生改变，此时，由于较低的质量流速无法迅速带走壁面高热流所带来的热量，因此，金属壁面将被一层热阻较大的薄流体层覆盖，从而导致沿试验段轴向传热性能的全面下降，此时，传热状况在拟临界区以及远离拟临界区的低焓值区和高焓值区差别不大，传热强度受主流热物性的影响很小，主要受制于贴近金属壁面的低密度薄流体层的传热性能。从传热系数和焓值的变化曲线可以看出，在低焓值区，传热系数随焓值的关系曲线较为平缓，进入拟临界区，传热系数开始迅速升高，并在拟临界温度之前达到最大值，之后随焓值的增加而迅速下降，在远离拟临界区的高焓值区，传热系数随流体焓值的变化又趋于平缓。

图$4-20\sim$图$4-22$分别给出了压力$p=23\mathrm{MPa}$、$25\mathrm{MPa}$、$28\mathrm{MPa}$时质量流速对垂直上升$6\mathrm{mm}$环腔间隙试验段传热特性的影响。可以看出，和$4\mathrm{mm}$环腔试验段相比较，质量流速对传热的影响规律在这两种试验段中没有差别。

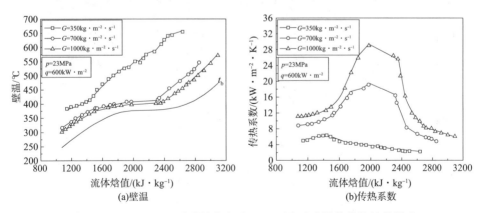

(a)壁温　　　　　　　　　　　(b)传热系数

图$4-17$　$p=23\mathrm{MPa}$时质量流速对$4\mathrm{mm}$环腔试验段传热特性的影响

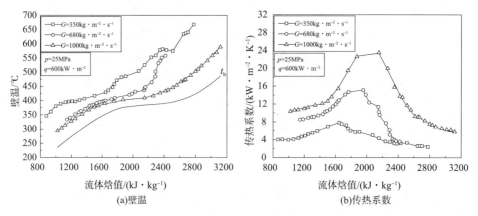

图 4 – 18　$p = 25\text{MPa}$ 时质量流速对 4mm 环腔试验段传热特性的影响

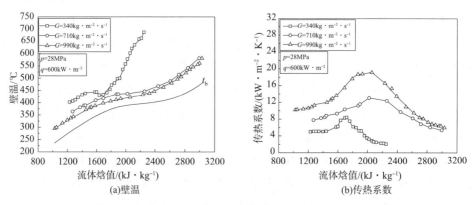

图 4 – 19　$p = 28\text{MPa}$ 时质量流速对 4mm 环腔试验段传热特性的影响

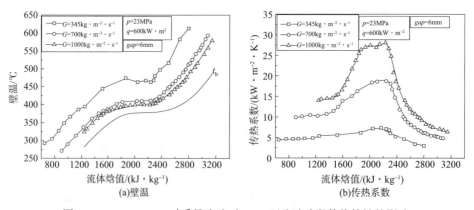

图 4 – 20　$p = 23\text{MPa}$ 时质量流速对 6mm 环腔试验段传热特性的影响

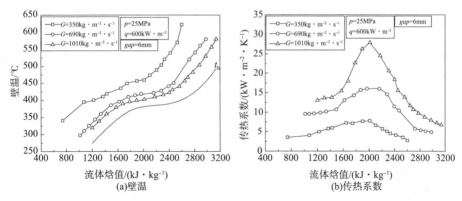

图 4 – 21 $p = 25$MPa 时质量流速对 6mm 环腔试验段传热特性的影响

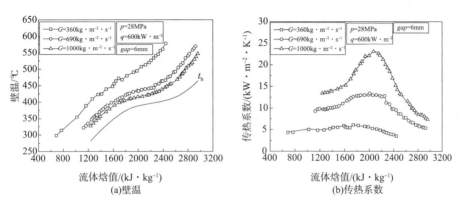

图 4 – 22 $p = 28$MPa 时质量流速对 6mm 环腔试验段传热特性的影响

4.2.4 压力对传热的影响

图 4 – 23(a)所示为热流密度相对质量流速较低的情况下，传热系数和壁温随压力的变化趋势。在 23MPa、25MPa 及 28MPa 下的拟临界焓值分别为 2126kJ·kg^{-1}、2137kJ·kg^{-1} 及 2150kJ·kg^{-1}，由于在这三个压力下的拟临界焓值差别不大，因此在图 4 – 23 中仅给出了 25MPa 下的拟临界焓值线。从图中可以看出，壁温随压力的提高而略有升高，在远离拟临界温度的低焓值区和高焓值区，不同压力下的壁温差别较小，但是在拟临界温度附近的区域，壁温随压力的增加明显升高。在不同压力下传热系数随流体焓值的变化曲线形状基本相同，所不同的是传热系数的峰值有所不同。在 23MPa、25MPa 及 28MPa 下的最大传热系数分别为 28.8kW·m^{-2}·K^{-1}、23.5kW·m^{-2}·K^{-1} 及 19.1kW·m^{-2}·K^{-1}，

这说明随着压力的提高，传热强化的程度有所减弱，并且，在远离拟临界区的低焓值区和高焓值区，不同压力下的传热系数几乎相同，差异性主要表现在拟临界区域。将传热系数随压力的变化曲线和图4-1(b)所示比热容随压力的变化曲线相比较，可以发现二者具有明显的相似性，这说明发生在拟临界区域的传热强化现象和这一区域内流体的热物性变化具有紧密的联系。

图4-23(b)所示为热流密度相对较高的情况下，传热系数和壁温随压力的变化趋势。可以看出，在低焓值区，这两个压力下的壁温基本相同，但是在流体焓值超过1400kJ·kg^{-1}后，当压力从25MPa降低至23MPa，壁温明显升高，这说明在热流密度较高的条件下，传热恶化的程度随压力的提高有减弱的趋势，相应的在23MPa及25MPa下的最大传热系数分别为6.34kW·m^{-2}·K^{-1}及7.79kW·m^{-2}·K^{-1}。

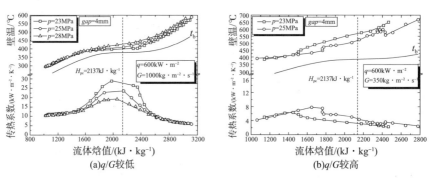

图4-23　压力对4mm环腔试验段传热特性的影响

由以上试验现象可以看出，在远离拟临界温度的低焓值区和高焓值区，压力对壁温和传热系数的影响较小，在拟临界区，压力的变化对传热影响很大。在低热流密度条件下，在拟临界区将会出现传热强化现象，此时提高压力传热强化的程度会有所减弱，造成壁温升高而传热系数有所减小。在高热流密度条件下，传热将受到抑制，此时提高压力传热削弱的程度将有所缓和，从而导致壁温降低而传热系数有所增大。压力对超临界流体的传热影响规律表明，在拟临界区域传热强化和传热恶化与流体的热物性随温度的剧烈变化紧密相关，无论传热强化以及传热恶化，在压力提高时都将受到一定程度的抑制。

4.2.5　流道环腔间隙对传热的影响

图4-24(a)(b)给出了4mm及6mm环腔间隙试验段中热流密度对传热影响的对比。从图4-24(a)可以看到，随热流密度的增加，在这两个试验段中壁温

均有明显的升高，在热流密度较低的情况下（200kW·m^{-2}），在远离拟临界温度的低焓值区及高焓值区，4mm间隙试验段中的壁温略高于6mm间隙试验段，在拟临界区，两者的壁温曲线几乎重合，但4mm试验段的壁温仍然稍高于6mm试验段。当热流密度升高至600kW·m^{-2}，从直观上来看，4mm间隙试验段中的壁温曲线在低焓值区及高焓值区均高于6mm间隙试验段，且其增高幅度较热流密度为200kW·m^{-2}更为明显，在拟临界区，两者之间的差别不太明显。从以上分析可以看出，在相同工况下4mm环腔试验段中的壁温稍高于6mm环腔试验段，也就是说，在6mm试验段中的传热状况要好于4mm试验段。如图4-24(b)所示为两个试验段中传热系数随热流密度变化规律的对比，可以看出，图示的四个工况传热系数的最大值都出现在拟临界区，并且随着热流密度的增大，传热系数的最大值相应减小，且其最大值所对应的焓值也相应减小。以4mm间隙试验段为例，热流密度为200kW·m^{-2}和600kW·m^{-2}条件下传热系数最大值所对应的主流焓值分别为2100kJ·kg^{-1}和2000kJ·kg^{-1}，造成这一现象的原因是热流密度的增大将会导致径向温度梯度增大，从而在较低的主流焓值下边界层就能达到拟临界温度，当流体温度小于拟临界温度而壁温大于拟临界温度时，将会出现与核态沸腾现象类似的传热强化现象，此时管壁与主流之间温差减小，相应的传热系数就会增大。

图4-24(c)(d)所示为热流密度与质量流速的比值相对较大及较小两种极端情况下4mm和6mm环腔试验段中传热状况的比较。从图中可以看出，在热流密度与质量流速的比值较低的情况下，在远离拟临界温度的区域内4mm试验段的壁温曲线略高于6mm试验段，在拟临界区几乎重合，传热系数随环腔间隙的增大而显著增大，当环腔间隙从4mm提高至6mm时，最大传热系数从32kW·m^{-2}·K^{-1}提高为60kW·m^{-2}·K^{-1}，其比值为1.875，这说明在热流密度相对质量流速较小的情况下，环腔间隙的增大会明显改善传热状况。由图4-24(c)可以看出，在热流密度与质量流速的比值较高的情况下，在低焓值区4mm及6mm试验段中壁温差别不大，但是主流焓值在1800kJ·kg^{-1}至2500kJ·kg^{-1}的区域范围内，4mm试验段的壁温明显高于6mm试验段，在同一焓值下的壁温差最大可达50℃，相应的在这一区域，6mm试验段中的传热系数也高于4mm试验段。造成这一现象的原因是在4mm试验段中发生了传热恶化，而在6mm试验段中传热仍属于正常传热的范畴。

图4-24所示的试验结果表明，在相同的试验参数条件下水力当量直径为12mm（环腔间隙6mm）的试验段中传热状况明显好于水力当量直径为8mm（环腔

间隙为 4mm)的试验段。实际上，迄今为止，已有许多研究者给出了有关水力当量直径对超临界流体传热影响的相关研究结果。然而，这些研究者的结论并没有很好的一致性。Hall 和 Jackson[87] 以超临界 CO_2 为工质的试验结果表明，在相同的试验参数下，管径越大，壁温越低。Yamashita 等人[88] 以超临界 HCFC22 为工质进行了垂直光滑圆管的管内流动与传热试验研究，其研究结果表明，在正常传热工况下，传热系数随管径减小而增大，他们的试验没有涉及传热恶化工况下管径对传热的影响。在我们所进行的试验中之所以 6mm 间隙试验段的传热系数高于 4mm 间隙试验段，可能的原因是在相同的试验参数条件下，6mm 间隙试验段相比 4mm 间隙试验段其体积流量更大，可以带走更多的热量。因此，对于相同直径的试验段电加热内管而言，环腔尺寸大就意味着冷却能力更强。另外，由于环腔试验段属于管外流动，因此，环腔间隙的改变有可能会引起热边界层及流动边界层的改变，进而对传热产生影响。当然，这需要以更多间隙尺寸的试验段为基础进行更为深入的研究。

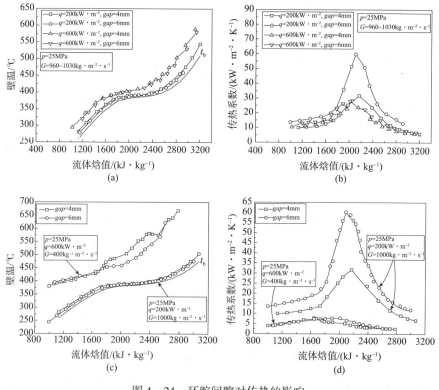

图 4-24　环腔间隙对传热的影响

4.2.6 定位隔架对传热的影响

经过近三十多年的发展，压水堆已成为技术上最为成熟的一种堆型，是目前核电领域广泛采用的一种核反应堆。其燃料元件呈细长的棒状，直径为10mm左右，大型压水堆的燃料元件棒长度超过3m。为了防止燃料元件棒在高温下发生形变及由于堆芯内冷却剂冲刷造成的流致振动，一般将燃料元件棒按正方形排列，两端用上、下管座组装起来，在轴向每隔0.4～0.5m用一个定位隔架来定位，这样的一组燃料元件棒称为一个燃料组件。在定位隔架上一般装有混流片，目的在于增强冷却剂在燃料元件棒间的横向混流，并改善传热。从热工水力的角度来看，定位隔架可有效提高湍流度，增强冷却剂在棒束间的横向流动及交混，进而有效提高对流传热同时也必然会增大流动阻力。迄今为止，已有许多研究者[89,90]以CFD软件为工具，做了大量关于堆芯内燃料元件定位隔架的理论分析及设计优化工作，并给出了许多有价值的结论及优化设计方案。然而，有关燃料元件棒定位隔架的研究工作绝大多数是以压水堆等成熟堆型为背景，针对超临界水冷堆(SCWR)为背景的理论研究工作进行得还很不充分，且都是使用CFD软件所进行的理论计算研究，有关试验方面的研究成果几乎未见公开发表。超临界水冷堆在目前仍处于概念设计阶段，由于和常规压水堆相比，其热工参数完全不同，已有的计算模型将无法使用。因此，必须以超临界水冷堆的特定工况参数为基础进行相关的试验研究工作，以便为理论分析提供正确可靠的计算模型。

超临界水冷堆(SCWR)概念堆型的设计方案有很多不同版本，但其共同点是堆芯冷却剂额定压力大致为25MPa，堆芯冷却剂出口温度高于500℃。理论计算表明，在这一参数下燃料元件包壳最高温度可达750℃以上。常规压水堆核电站堆芯冷却剂出口温度均低于400℃，由于超临界水冷堆冷却剂温度远高于常规压水堆，因此，适用于现有压水堆燃料元件的包壳材料将无法应用于超临界水堆，包壳材料的耐高温性能成为制约超临界水冷堆的一个瓶颈。解决这一问题可以从两方面入手：一是提高包壳材料在高温下的力学性能；二是对燃料组件进行优化设计，尽量提高燃料元件棒与冷却剂间的对流传热强度。为增强传热，有些研究者[91]提出在燃料元件棒表面设置螺旋绕丝型定位隔架，目的在于增强湍流度，抑制传热恶化的发生。图4-25所示为公开发表的文献中所提到的一种超临界水冷堆燃料组件设计方案示意图，燃料元件棒呈正方形排列，棒间距小于2mm，在每根棒的表面设置相同螺旋升角的金属丝，在燃料元件棒全长范围内可以有效增

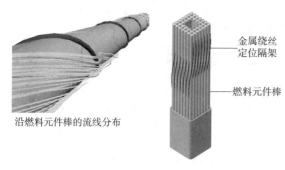

沿燃料元件棒的流线分布

金属绕丝
定位隔架

燃料元件棒

图4-25　SCWR燃料元件组件示意图

强湍流度，强化传热。从结构稳定性方面考虑，由于燃料元件棒直径仅为8mm左右，棒间距小于2mm，在高温及强辐照的苛刻条件下，燃料元件棒必然会出现由热应力所引起的热膨胀及辐照变形等问题，若相邻燃料元件棒之间出现由于变形所导致的相互接触或者流道变窄，很可能会因冷却不足而导致包壳破裂，放射性外泄。因此，螺旋绕丝的另一个作用是作为定位隔架，有效保证燃料组件的结构稳定性，使各燃料元件棒之间的有效流道间隙在整个燃料寿期内能够得到可靠保证。

超临界水冷堆由于燃料元件棒间距很小，因此，合理设计定位扰流件目前是一个研究热点，不仅仅要考虑其对传热所起到的强化作用，还要考虑到在燃料包壳表面设置定位扰流件所引起的附加导热热阻，以下从多方面来综合分析定位扰流件对流动与传热特性的影响。

(1)螺旋绕丝定位件结构

本书是以超临界水冷堆(SCWR)为研究背景，超临界水冷堆属于第四代反应堆概念堆型之一。在已知的关于堆芯燃料元件的概念设计中，某些燃料元件棒间的定位采用了螺旋绕丝型定位隔架这一形式，其作用除了在燃料元件寿期内有效保持冷却剂流道稳定性，还有助于借助螺旋绕丝定位隔架所引起的扰流使换热得到进一步的强化。在本试验中也采用了螺旋绕丝定位形式，图4-26所示为本次试验中所使用的一种螺旋绕丝定位件的示意图，螺旋绕丝定位件固定在环腔试验段内管外表面，螺旋升角为45°，一个螺距为5cm，在本次试验中，螺旋绕丝

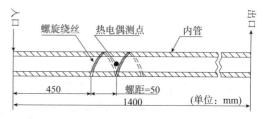

图4-26　螺旋绕丝定位装置示意图

沿管长方向为10cm，即两个螺距的长度，螺旋绕丝的直径为3mm。在4mm和6mm环腔间隙试验段中，螺旋绕丝均布置在如图4-26所示的位置，图中所示热电偶测点为环腔试验段六个壁温测量截面中的第一个截面(参看图4-6)，其位

置处于10cm长的螺旋绕丝的中点处。

（2）螺旋绕丝定位件对局部传热的影响

图4-27所示为4mm环腔间隙试验段中螺旋绕丝定位件对局部传热的影响，共给出了两个工况，其中"no spacer"代表试验段中没有放置螺旋绕丝定位件的数据点，"spacer"代表试验段中放置螺旋绕丝定位件时在定位件处测得的试验数据，图中所示的数据点都是在环腔试验段六个壁温测量截面中的第一个截面（参看图4-6）处获得。从图4-27（a）可以看出，在壁温随流体焓值的变化趋势上两者基本相同，但是，在整个焓值范围内没有放置螺旋绕丝定位件的试验段壁温明显高于放置螺旋绕丝定位件的试验段壁温，两个试验段中的最大传热系数都是在低于拟临界温度处获得，分别为$32kW \cdot m^{-2} \cdot K^{-1}$和$23kW \cdot m^{-2} \cdot K^{-1}$，其比值为1.4，这说明螺旋绕丝定位件对传热有明显的强化作用，尤其是在拟临界区。这一现象类似于单相流体中混流片或定位隔架对传热的强化作用，但是，在本试验中螺旋绕丝定位件对流体引起的沿试验段内管的周向绕流也是引起传热强化的一个潜在因素。图4-27（b）所示工况热流密度较高，可以看出，在没有螺旋绕丝定位件的试验段中，壁温随流体焓值呈现出单调上升趋势，在拟临界区并没有出现壁温曲线较为平坦的区段，其最大传热系数仅为$11kW \cdot m^{-2} \cdot K^{-1}$，这说明在高热流密度下传热受到了较为明显的抑制。在放置螺旋绕丝定位件的试验段中，壁温在拟临界区出现了较明显的平坦区段，说明传热出现了一定的强化，其最大传热系数为$26kW \cdot m^{-2} \cdot K^{-1}$，两个试验段中最大传热系数的比值为2.4。可以看出，和图4-27（a）相比，图4-27（b）中螺旋绕丝定位件对传热的强化效果更为明显，在图4-27（b）中，热流密度更高，传热受到了明显的抑制，超临界水冷堆（SCWR）概念堆型的设计方案中燃料元件棒热流密度高达$1000kW \cdot m^{-2}$，从本试验结果可以看出，在高热流密度条件下传热会受到一定程度的抑制，此时采用螺旋绕丝扰流件强化传热是一个可行的方案。

图4-28所示为6mm环腔间隙试验段中螺旋绕丝定位件对局部传热的影响。可以看出，和4mm环腔间隙试验段相同，在设置螺旋绕丝的试验段中壁温明显偏低，即便热流密度高达$1000kW \cdot m^{-2}$，但是在拟临界区仍然出现了壁温较为平坦的区段，说明螺旋绕丝的强化传热作用较为明显。在这两个试验段中最大传热系数分别为$19kW \cdot m^{-2} \cdot K^{-1}$和$12kW \cdot m^{-2} \cdot K^{-1}$，其比值为1.6，说明在6mm环腔间隙试验段中螺旋绕丝对传热同样具有明显的强化作用。

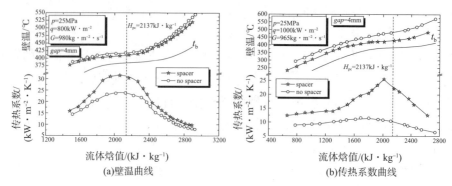

图4-27 螺旋绕丝定位件对局部传热的影响(4mm间隙试验段)

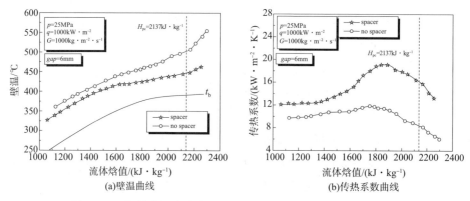

图4-28 螺旋绕丝定位件对局部传热的影响(6mm间隙试验段)

从图4-27(a)还可以看出，螺旋绕丝定位件对传热的强化作用在整个焓值范围内并不完全相同，在远离拟临界区的低焓值区和高焓值区，将两个试验段相比较，可以发现在低焓值区螺旋绕丝将传热系数提高了约$3kW \cdot m^{-2} \cdot K^{-1}$，在高焓值区这一数值约为$2kW \cdot m^{-2} \cdot K^{-1}$。造成这一现象的原因是在这两个区域中水的热物性变化较为平缓，其传热与流动规律接近于常物性流体，传热的强化主要是由于螺旋绕丝的扰流引起，因此在这两个焓值区内两个试验段的传热系数在数值上具有较固定的差值，这个差值即反映了螺旋绕丝对传热的附加强化效果。然而，在拟临界温度附近，两个试验段中传热系数在数值上最大差值达$9kW \cdot m^{-2} \cdot K^{-1}$，这说明在这一区域内传热的强化作用不仅仅来自螺旋绕丝的绕流作用，流体热物性的变化，特别是比热容的急剧升高也对传热强化起到了很大的促进作用。因此，在拟临界区传热系数的大幅提高是由于螺旋绕丝和热物性剧烈变化这两个因素共同的作用所造成。

从试验段轴向的壁温分布也可以很直观地看出螺旋绕丝对传热的强化作用。如图 4-29(a)所示，沿试验段流动方向的六个热电偶中从 t_{w_3} 至 t_{w_6} 几乎呈线性增高，但是 t_{w_1} 和 t_{w_2} 明显偏低。由于试验段入口流体温度为 245℃，远低于拟临界温度，此时物性对传热的影响相对很小，因此从理论上来说，在图 4-29(a)中 t_{w_1} 和 t_{w_2} 应位于 t_{w_3} 和 t_{w_6} 的延长线上，此时 t_{w_1} 和 t_{w_2} 的温度应分别为 331℃ 和 339℃，其实际温度分别为 316℃ 和 335℃，即 t_{w_1} 和 t_{w_2} 分别比理论温度低 15℃ 及 4℃。t_{w_1} 和 t_{w_2} 之所以偏低，原因在于 t_{w_1} 恰好位于螺旋绕丝定位件处。由于螺旋绕丝的存在使当地流体的湍流度增强，管壁和流体之间的传热得到有效强化，使得 t_{w_1} 处的温度明显偏低。由于螺旋绕丝的扰流作用会波及下游，因此，t_{w_2} 的壁温也低于理论值。但很明显，沿流动方向螺旋绕丝的影响逐渐减弱，从图 4-29(a)可以看出在 t_{w_3} 处螺旋绕丝的影响已经消失。图 4-29(b)中也反映出了和图 4-29(a)相类似的现象，唯一不同的是 t_{w_1} 和 t_{w_2} 的理论值和实际值相差分别为 57℃ 和18℃，远高于图 4-29(a)中的值。出现这一现象的原因是图 4-29(b)中试验段入口温度为 398℃，接近拟临界温度，在拟临界区物性对传热影响很大，螺旋绕丝和物性变化的联合作用导致图 4-29(b)中 t_{w_1} 和 t_{w_2} 处传热强化的程度更大。

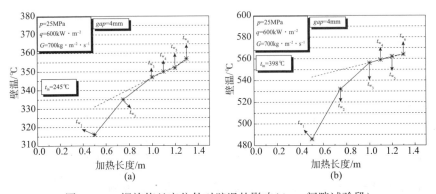

图 4-29 螺旋绕丝定位件对壁温的影响(4mm 间隙试验段)

图 4-30 所示为 6mm 环腔间隙试验段中螺旋绕丝定位件对壁温的影响。从图中可以看出，在 6mm 环腔间隙试验段中螺旋绕丝对传热具有明显的强化作用，t_{w_1} 处壁温明显偏低，但是从 t_{w_2} 至 t_{w_6} 壁温几乎呈线性增高。也就是说，6mm 试验段中螺旋绕丝的扰流作用没有波及 t_{w_2} 处。4mm 及 6mm 试验段中所使用的螺旋绕丝结构相同，且热电偶布置方式也完全一样，但是从图中可以很明显地看出；4mm 环腔间隙试验段中螺旋绕丝对下游流场的影响要大于 6mm 试验段。造成这

一现象的原因是 4mm 与 6mm 环腔间隙试验段的流道截面积之比为 1：1.75，对于相同尺寸的螺旋绕丝定位件而言，在 4mm 间隙试验段中其所占的流通截面积份额更大，因此，在 4mm 间隙试验段中螺旋绕丝对流场的影响要大于 6mm 间隙试验段，即从 t_{w_1} 处开始，4mm 环腔试验段中传热强化在螺旋绕丝下游的波及长度明显大于 6mm 试验段。

从图 4-29 及 4-30 可以看出，由于螺旋绕丝的扰流作用，其不仅对当地局部传热具有明显的强化作用，并且这种扰流强化会波及下游区域。在水力当量直径较小的 4mm 间隙试验段中，螺旋绕丝对下游的波及范围更大。超临界水冷堆（SCWR）的燃料元件棒热流密度高达 1MW·m^{-2}，在前面的章节中已经分析过，当热流密度较高时传热会受到一定程度的抑制，因此为强化传热必然要采用某种结构形式的增强扰流阻力件。通过以上分析可以看出，对于一定结构的阻力件而言，需根据具体堆芯结构沿燃料元件棒长度方向合理布置阻力件，以便传热在燃料元件棒全尺寸范围内均能够得到有效的改善。

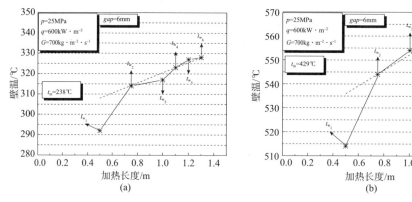

图 4-30　螺旋绕丝定位件对壁温的影响（6mm 间隙试验段）

（3）螺旋绕丝定位件对试验段全尺寸范围内传热的影响

图 4-31 所示为沿试验段流动方向 6 个热电偶处传热系数随流体焓值的变化曲线对比图。从图 4-31（a）中可以明显看出在整个焓值范围内 ms-1 处的传热系数明显高于其他五个截面，由于螺旋绕丝定位件恰好布置在 ms-1 位置，这一现象也印证了前面的结论，即螺旋绕丝对传热具有明显的强化作用。从图中还可以看出，沿着流动方向，传热系数逐渐减小，在这六个截面处的最大传热系数分别为 25.56kW·m^{-2}·K^{-1}、20.48kW·m^{-2}·K^{-1}、13.8kW·m^{-2}·K^{-1}、12.25kW·m^{-2}·K^{-1}、11.62kW·m^{-2}·K^{-1}、11.68kW·m^{-2}·K^{-1}。造成这一

现象的原因如下，尽管螺旋绕丝具有明显的扰流强化传热作用，但是沿流动方向，其对下游流场的影响逐渐变弱，因此，从螺旋绕丝所处的 ms-1 截面至远离螺旋绕丝的 ms-6 截面，传热系数逐渐减小。从图中还可以看出，距离螺旋绕丝较远的 ms-4、ms-5 和 ms-6 这三个截面处传热系数差别很小，尤其是 ms-5 与 ms-6，在整个焓值范围内其曲线几乎重合，这说明螺旋绕丝对下游流场的影响在 ms-4 位置已经变得很小，在 ms-5 位置螺旋绕丝的影响已经完全消失。从传热系数上可以看出，第五、六截面处最大传热系数分别为 11.62kW·m^{-2}·K^{-1} 及 11.68kW·m^{-2}·K^{-1}，且在整个流体焓值范围内，第五截面的传热系数略微低于第六截面，造成这一现象的原因是第六截面靠近试验段出口，因此，其流场及传热会受到出口流道改变所带来的影响。本试验观察到的这一现象与 Yao[92] 等人所进行的试验具有一定的相似性，他们所进行的以单相水为工质的棒束试验段的研究结果表明，棒束间的定位隔架对传热具有显著的强化作用，但是其对下游流场及传热的影响沿流动方向不断衰减，最终消失。

　　如图 4-31(b) 所示为在质量流速较低的情况下，沿试验段流动方向 6 个热电偶处传热系数随流体焓值的变化曲线对比图。和图 4-31(a) 相类似，ms-1 处的传热系数在整个焓值范围内明显高于其他五个截面，然而，这五个截面的传热系数在整个焓值范围内差别很小。这表明螺旋绕丝对下游流场的扰流在 ms-2 截面处业已消失，即从 ms-2 至 ms-6 流场都没有受到螺旋绕丝的影响。将图 4-31(a) 与 (b) 进行对比可以看出，螺旋绕丝对下游流场的影响长度受到流动参数的制约，特别是质量流速，质量流速越小，螺旋绕丝对下游流场的影响长度越短，在 Unal[93] 等人的研究中也给出了和本书相类似的结论。

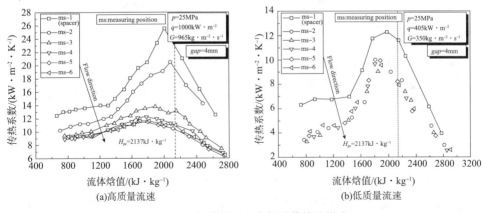

图 4-31　螺旋绕丝定位件对传热的影响

（4）传热恶化工况下螺旋绕丝定位件对传热的影响

如图 4 - 32 所示为在质量流速较低而热流密度相对较高的情况下，壁温随流体焓值的变化曲线。如图 4 - 32（a）所示，t_{w_2} 截面在焓值为 1550 ~ 1750kJ · kg^{-1} 的焓值区间内出现了明显的壁温飞升，壁温增幅达 50℃，发生了明显的传热恶化。由于 t_{w_1} 截面处螺旋绕丝的扰流强化作用，在整个焓值范围内，t_{w_1} 处壁温随流体焓值平缓上升，没有出现任何传热恶化的迹象。在远离拟临界温度的低焓值区和高焓值区，两个截面之间的温度差值大致为 60 ~ 80℃，在拟临界区，两者最大温差达 120℃，这说明在热流密度相对质量流速较高的情况下，螺旋绕丝定位件可以有效抑制传热恶化的发生。如图 4 - 32（b）所示为 6mm 环腔间隙试验段中螺旋绕丝对传热恶化的影响，可以看出，和 4mm 环腔间隙试验段相类似，t_{w_1} 处壁温随流体焓值平缓上升，没有出现任何传热恶化的迹象，而 t_{w_2} 处由于没有螺旋绕丝的扰流强化，在拟临界区出现了明显的壁温飞升，即传热恶化。

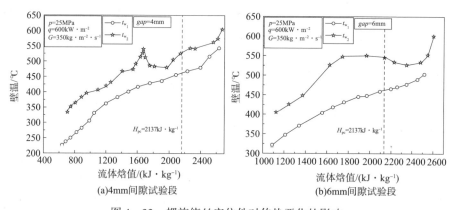

图 4 - 32　螺旋绕丝定位件对传热恶化的影响

对于图 4 - 32 所示的工况，由于热流密度相对较大，质量流速较小，因此，在贴近试验段金属壁面的流体将会吸收到足够的热量达到拟临界温度，导致其热物性发生剧烈变化，最终使管道壁面被一层低密度且导热性能差的薄流体层覆盖。这个薄流体层的导热热阻是主流和壁面之间对流传热的主要热阻，由于这个流体层的存在，加热壁面得不到主流流体的有效冷却，从而导致壁温飞升及传热恶化的发生。因此，要消除传热恶化，必须要能有效消除加热管壁面这一薄流体层所带来的导热热阻。从本节的试验结果可以看出，螺旋绕丝的存在有效破坏了近壁面处的薄流体层，因而有效抑制了传热恶化的发生。

（5）螺旋绕丝定位件在两个环缝间隙试验段中对传热影响的比较

将 4mm 及 6mm 环腔间隙试验段在相应截面处的试验数据进行比较，可以发现一个有趣的现象，如图 4 - 33 所示，在 t_{w_5} 处由于距离螺旋绕丝较远，因此这两个试验段中壁温和传热系数在数值上比较接近，但是在 t_{w_1} 处由于螺旋绕丝的扰流作用，可以看出 4mm 环腔间隙试验段中的壁温在整个焓值范围内均低于 6mm 环腔试验段，其差值大致在 10 ~ 15℃，在拟临界区为 5 ~ 10℃。相应的，4mm 及 6mm 环腔间隙试验段在 t_{w_1} 处的最大传热系数分别为 25.56kW · m^{-2} · K^{-1} 和 19.08kW · m^{-2} · K^{-1}，这说明在螺旋绕丝处 4mm 环腔试验段的传热状况要明显好于 6mm 环腔试验段。

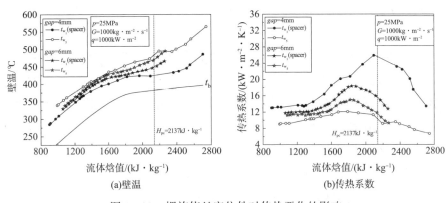

(a)壁温　　　　　　　　　　　　　　(b)传热系数

图 4 - 33　螺旋绕丝定位件对传热恶化的影响

造成这一现象的原因与环腔以及螺旋绕丝的结构尺寸有关。螺旋绕丝的直径为 3mm，由于 4mm 与 6mm 环腔间隙试验段的流道截面积之比为 1∶1.75，因此，相同尺寸的螺旋绕丝将占去 4mm 间隙试验段更多的流通截面积，这就意味着在 4mm 间隙试验段中，在螺旋绕丝处流体具有更高的质量流速。因此，其壁温低于 6mm 环腔试验段的壁温，相应的，4mm 试验段在螺旋绕丝处将会具有更高的传热系数。

4.2.7　浮升力对传热的影响

迄今为止，超临界压力区传热恶化的机理仍然存在争议。Shiralkar 等人[94] 和周强泰[95] 发现在相同的条件下，试验段中的工质在垂直向上流动时若发生传热恶化，而在垂直向下流动时，传热恶化现象则可能消失，由此意识到浮升力可能是导致传热恶化的一个重要因素。浮升力的产生是由于在特定条件下，贴近管道壁面边界层中的流体密度显著减小，在管道壁面和轴心之间形成较大的密度梯度，从而在贴近管道壁面处产生向上的浮升力。关于超临界压力区的传热，已经有很多比较成熟的经验关系式可供选用，这些关系式大多以 Dittus – Boelter 关系式为基础，在关系式中加入了比热容、黏度、导热系数等热物性参数，以期在特定的工况条件下获得更好地计算结果。然而，由于浮升力等因素的影响，在传热恶化发生时已有的传热经验关系式大多无法很好地和试验数据相吻合。因此，从工程的观点出发，研究人员[96]试图给出一个判定准则，即在特定的工况参数下，需要判断浮升力的影响是否不能被忽略。Jackson and Hall[97]以边界层理论为基础，给出了一个很有价值的浮升力判定准则式，即式(4-1)，在满足此式时，则认为浮升力的影响可以忽略。

$$\overline{Gr_b}/Re_b^{2.7} < 10^{-5} \qquad\qquad (4-1)$$

在质量流速相对较低的情况下，浮升力将随热流密度的增高而逐渐增大[98]，因此，选择低质量流速下不同热流密度的工况来考察浮升力对传热的影响。沿试验段径向工质的密度梯度达到最大时，浮升力的作用最大，因此，工质的最大密度梯度应该发生在管壁温度稍微高于拟临界温度的区域，此时在贴近管壁处的工质温度可能恰好处于拟临界温度，其密度会有一个较大幅度的减小。从图4-34(a)中可以看出，当热流密度为200kW·m⁻²时，Jackson判定准则曲线的峰值所对应的流体焓值略高于壁温曲线超过拟临界温度所对应的流体焓值，这一现象印证了壁温略高于拟临界温度时浮升力的影响将会最大这一观点，同时也说明圆环形试验段中浮升力的判断可以使用 Jackson 关系式。另外，从图中还可以看出，一旦流体温度高于拟临界温度，则 Jackson 浮升力判定准则曲线将随着流体焓值的增加而单调递减，即在流体温度高于拟临界温度的高焓值区，浮升力的作用将会明显减弱，原因是在远离拟临界温度的高焓值区，密度随温度的变化趋势和拟临界区相比要平缓得多，因此在这一区域试验段内流体的径向密度梯度较小，不具备浮升力形成的条件。从图4-34(a)中可以看出，一旦流体温度高于拟临界温度，则 Jackson 准则数马上低于 1×10^{-5}，即表明在高焓值区强制对流传热占据了主导地位。当热流密度升高至400kW·m⁻²时，沿试验段径向温度梯度将会增大，这将进一步增大沿径向的密度梯度。因此，和热流密度为200kW·m⁻²相比，热流密度为400kW·m⁻²时，Jackson 准则曲线在整个焓值范围内明显偏高，并且其最高峰值向左侧低焓值区偏移。这说明热流密度提高后，浮升力的作用将会增强。

在质量流速相对较高的条件下，浮升力的影响将会减弱，此时强制对流传热处于主导地位[98]。如图 4 - 34(b)所示为质量流速提高至 $1000kg \cdot m^{-2} \cdot s^{-1}$ 时 Jackson 准则曲线和壁温随流体焓值的分布曲线。可以看出，Jackson 准则数在整个焓值范围内均低于 1×10^{-5}，这表明质量流速为 $1000kg \cdot m^{-2} \cdot s^{-1}$ 时浮升力的影响可以忽略，此时强制对流传热占据主导地位。并且，在热流密度从 $200kW \cdot m^{-2}$ 升高至 $400kW \cdot m^{-2}$ 时，在整个焓值范围内 Jackson 准则数曲线明显升高，这说明无论在低质量流速还是高质量流速条件下，提高热流密度都将使浮升力的影响增强。从以上的分析可以看出，Jackson 浮升力判断准则可以应用于圆环形通道，作为判断浮升力是否存在的判定准则。

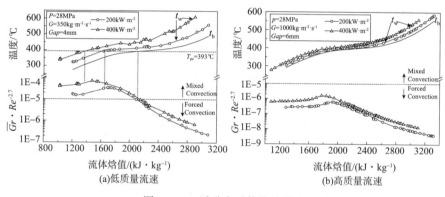

图 4 - 34   浮升力对传热的影响

4.2.8   与现有的超临界传热关联式的比较

（1）传热经验关联式

自 20 世纪 50 年代开始，由于工业发展的需要，很多研究者开始研究超临界流体的流动与传热问题。由于在拟临界区流体热物性变化非常复杂，获得对流传热系数的理论解析表达式非常困难，因此，不同的研究者根据各自的研究结果提出了很多适用于超临界压力下流体的强制对流传热经验关联式。这些关联式的获得大多依赖于大量试验数据，并且都是以变物性的单相强制对流传热理论为基础，采用雷诺数、普朗特数及其他物性参数比率修正项来拟合试验数据。并且，在这些经验关系式中都假定雷诺数、普朗特数及其他物性参数比率修正项之间是相互独立的，其定性温度一般采用流体温度、壁面温度或膜温度中的一种。在下文中，对已有的超临界流体传热经验关联式进行了回顾，并与圆环形试验段的数据进行了对比，以期获得对各传热经验关联式更为客观的评价。

众所周知，在拟临界区域，超临界流体的热物性例如导热系数、密度、定压比热容、黏性系数等会随温度的变化而发生十分剧烈的变化，由于这一原因，到目前仍然没有获得较为理想的关于超临界流体对流传热的理论解析解。已有的研究结果表明，超临界流体的传热与热流密度关系密切，在热流密度相对质量流速较低时，对流传热系数在拟临界温度附近会有一个峰值，随着热流密度的提高，这一峰值会逐渐向低焓值区偏移。在热流密度很低的情况下，超临界流体的对流传热系数与 Dittus - Boelter 关系式的预测值具有较好的一致性。因此，有关超临界流体的传热经验关系式有很大一部分都是以 Dittus - Boelter[99] 关系式为基础进行修正而获得的。近几十年来，不同的研究者根据各自的研究成果提出了很多有关超临界流体对流传热的经验关系式，Pioro 和 Duffey[61] 对这些经验关系式进行了系统的分析比较。可以发现，不同的经验关系式往往有各自的适用工况范围，并没有一个关系式可以在较宽泛的参数范围内和试验数据都具有较好的一致性。因此，很有必要在试验的基础上，对不同的关系式进行分析比较。

为了便于使用，早期的经验关系式大多采用 Dittus - Boelter 关系式的形式，当流体的物性随温度的变化不太剧烈时，对流传热系数可以通过以 Nu、Re 和 Pr 等无量纲量为基础的经验关联式计算得到，但是当流体热物性随温度变化很大时，就必须对传统的 Dittus - Boelter 关系式进行相应的修正。例如 Pitla[100] 等人以主流温度和壁温的平均值为定性温度，提出了一个类似 Dittus - Boelter 关系式的经验关联式，仅适用于流体热物性变化不大的场合。程旭[101] 等人认为，理想的经验关系式应该具备以下几个特点，首先，应该采取无量纲量的形式来拟合公式，这种形式可以方便地应用于各种超临界流体；其次，经验关系式应该包含尽可能少的参数；再者，理想的经验关系式应该不仅仅适用于正常传热，而且也能够适用于传热恶化的工况。迄今为止，已公开发表的有关超临界流体传热的经验关联式已有数十个之多，本书对其中具有代表性的公式做一简单回顾。

一些研究者给出的传热经验关联式在结构上比较简单，并且仅以主流温度作为定性温度，例如 McAdams[102] 提出的针对亚临界压力下旺盛湍流的强制对流传热关系式

$$Nu_b = 0.0243Re_b^{0.8}Pr_b^{0.4} \qquad (4-2)$$

后来，这个关系式也被应用于超临界压力下的对流传热。后继的研究者指出，McAdams 关系式在压力较高而热流密度相对较低的条件下与圆管管内流动的试验数据具有较好的一致性，但是在某些流动条件下，在临界点及拟临界点附

近，McAdams 关系式和试验数据的偏离程度很大，原因在于此公式不能很好地反映出拟临界点及临界点附近物性的剧烈变化。即便如此，McAdams 关系式依然是一个比较经典的关系式，之后的许多有关超临界流体的传热经验关联式都是在它的基础上进行改进而获得的。

Miropol'skii 与 Shitsman[103]分析了超临界压力下水在管内流动的试验数据，给出了一个类似 Dittus – Boelter 形式的关联式

$$Nu_b = 0.023 Re_b^{0.8} Pr_{min}^{0.8} \qquad (4-3)$$

在这个关联式中，"min"的含义是普朗特数分别采用壁温和主流温度进行计算，然后取其较小的那个值。该公式是较早的可应用于超临界流体湍流强制对流的试验关联式，由于没有采用局部流动条件作为修正系数，因此该关联式简单易用，并且在很多参数条件下，和试验数据吻合程度较好。但是作者指出该关联式仅适用于 Pr 数为 1 左右的流体(因为不具有普遍适用性)。并且，由于在那个年代对超临界流体的认识尚不够深入，因此，Shitsman 当时认为水的导热系数在临界点及拟临界点仍然是一个依赖流体温度的光滑单调递减函数，这导致该公式在拟临界区域无法给出合理的预测结果。

Kondrat'ev[104]通过对垂直圆管及圆环形试验段的数据进行分析，得出了一个在形式上更为简单的经验关系式

$$Nu_b = 0.02 Re_b^{0.8} \qquad (4-4)$$

试验的参数范围为：对垂直管 $D = 12.02mm$，$p = 22.8 \sim 30.4MPa$，$t_b = 260 \sim 560℃$；对圆环形通道 $D = 9.73/6.35mm$，$p < 24.3MPa$，$t_b = 220 \sim 545℃$；$10^4 < Re < 4×10^5$。作者指出，在这一参数范围内，试验数据与其经验关联式之间的误差不超过 10%。然而，后来的研究者发现，尽管 Kondrat'ev 经验关联式具有结构简单的优点，但是，在拟临界范围内和试验数据之间的差异很大，不适用于传热恶化工况及拟临界区。

Gorban[105]等人给出了水及 R – 12 在圆管内流动的传热经验关联式，适用于流体温度高于拟临界温度的工况，Gorban 经验关联式尽管结构简单，但缺点是不适用于流体物性变化剧烈的拟临界温度附近的区域。

对水：

$$Nu_b = 0.0059 Re_b^{0.9} Pr_b^{-0.12} \qquad (4-5)$$

对 R – 12：

$$Nu_b = 0.0094 Re_b^{0.86} Pr_b^{-0.15} \qquad (4-6)$$

Krasnoshchekov 和 Protopopov[106,107]给出了关于水和二氧化碳在超临界压力下的强制对流传热关联式

$$Nu = Nu_0 \left(\frac{\mu_b}{\mu_w}\right)^{0.11} \left(\frac{k_b}{k_w}\right)^{-0.33} \left(\frac{\bar{c}_p}{c_{pb}}\right)^{0.35} \qquad (4-7)$$

式中：

$$Nu_0 = \frac{(\xi/8) Re_b \overline{Pr}}{12.7 \sqrt{\xi/8} (\overline{Pr^{2/3}} - 1) + 1.07}$$

$$\xi = \frac{1}{(1.82 \log_{10} Re_b - 1.64)^2}$$

在这个关联式中，为消除流体热物性的变化造成的计算误差，普朗特数和比热容的定性温度采用了壁温和主流温度取均值这个方法。将此关联式和其他研究者的试验数据进行比较，发现吻合程度并不是很好，说明该关联式并不具备广泛适用性。之后，Krasnoshchekov[108]对原来的公式进行了修正，提出了新的传热经验关联式，该关联式以$(\rho_w/\rho_b)^{0.3} (\bar{c}_p/c_{pb})^n$作为修正系数，其中的指数 n 根据壁温和主流温度的不同而不同，关联式如式(4-8)所示：

$$Nu = Nu_0 \left(\frac{\rho_w}{\rho_b}\right)^{0.3} \left(\frac{\bar{c}_p}{c_{pb}}\right)^n \qquad (4-8)$$

式中：

$n = 0.4$，当$(T_w/T_{pc}) < 1$ 或者$(T_b/T_{pc}) > 1.2$；

$n = n_1 = 0.22 + 0.18(T_w/T_{pc})$，当$1 < (T_w/T_{pc}) < 2.5$；

$n = n_1 + (5n_1 - 2)[1 - (T_b/T_{pc})]$，当$1 < (T_b/T_{pc}) < 1.2$

Bishop[109]等人对超临界压力下水在圆管及圆环形通道内垂直向上流动的工况进行了试验研究，并以 Dittus - Boelter 关系式为基础得到了一个新的经验关联式，在 Bishop 关联式中引入了两个修正项，即壁面流体密度和主流密度比值以及一个反映入口效应影响的衰减项，结果表明，与 Dittus - Boelter 关系式相比较，加入这两个修正项后大大提高了公式的拟合精度。其形式如下：

$$Nu_b = 0.0069 \times Re_b^{0.90} \times \overline{Pr}_b^{0.66} \times (\rho_w/\rho_b)^{0.43} \times (1 + 2.4 \times D/L) \qquad (4-9)$$

参数范围：$p = 22.8 \sim 27.6 \text{MPa}$，$T_b = 282 \sim 527℃$，$G = 651 \sim 3662 \text{kg} \cdot \text{m}^{-2} \cdot \text{s}^{-1}$，$q = 0.31 \sim 3.46 \text{MW} \cdot \text{m}^{-2}$，$L/D = 30 \sim 565$。

Swenson[110]等人研究了超临界压力下水在光滑圆管内强制对流的流动与传热特性。他们当时的研究表明，由于超临界水在拟临界点附近热物性变化非常剧烈，因此常规的传热经验关联式并不能很好的预测这一区域的传热特性。他们对

超临界压力下的入口效应进行了研究，发现与常物性流动有所不同，超临界压力下入口效应并不随入口长度单调降低，因此，Bishop 关联式反映入口效应的衰减项并不能充分解释超临界压力下延伸的入口区域。Swenso 等人给出了一个远离入口区域的传热经验关联式，该式采用平均比热容和平均 Pr，其他项以壁温作为定性温度。由于该式不采用主流温度作为定性温度，因此其预测的对流传热系数峰值比其他很多传热关联式要偏向于低焓值区，其形式如下，

$$Nu_w = 0.00459 \times Re_w^{0.923} \times \overline{Pr_w}^{0.613} \times (\rho_w/\rho_b)^{0.231} \qquad (4-10)$$

参数范围：$p = 22.8 \sim 41.4\text{MPa}$，$G = 542 \sim 2150\text{kg} \cdot \text{m}^{-2} \cdot \text{s}^{-1}$，$T_w = 93 \sim 649℃$，$T_b = 75 \sim 576℃$。

Ornatsky[111] 等人研究了超临界压力下水在五根并联光滑圆管内强制对流的流动与传热特性，并在 Miropol'skii 关联式的基础上引入了壁面流体密度和主流密度比值的修正项。其中"min"的含义是普朗特数分别采用壁温和主流温度进行计算，然后取其较小的那个值。由于 Ornatsky 关联式加入了流体密度的修正项，因此，与 Miropol'skii 关联式相比较，公式的拟合精度有所提高，其形式如下：

$$Nu_b = 0.023 Re_b^{0.8} Pr_{min}^{0.8} (\rho_w/\rho_b)^{0.3} \qquad (4-11)$$

Yamagata[68] 等人试验研究了超临界压力下水在垂直及水平管道内流动的传热特性，并以大量垂直上升管内流动的试验数据为基础，给出了一个经验关联式。并分别以加热壁面和主流温度为定性温度，将不同物性的比值对关联式预测结果的影响进行了比较研究，发现使用 $\bar{c}_p/c_{pb}$ 能够很好地反映工质物性变化所带来的影响。根据 Eckert 数 $(T_{pc} - T_b)/(T_w - T_b)$ 的不同，该关联式将计算区域分成三部分，这一做法有利于更好地拟合试验数据，但缺点是在某些情况下会造成传热系数不连续，其形式如下：

$$Nu_b = 0.0135 \times Re_b^{0.85} \times Pr_b^{0.8} \times F_c \qquad (4-12)$$

式中：

$F_c = 1.0$，当 $E \geq 1$；

$F_c = 0.67 \times Pr_{pc}^{-0.05} \times (\bar{C}_p/C_{pb})^{n_1}$，当 $0 \leq E \leq 1$；

$F_c = (\bar{C}_p/C_{pb})^{n_2}$，当 $E \leq 0$；

$n_1 = -0.77 \times (1 + 1/Pr_{pc}) + 1.49$

$n_2 = 1.44 \times (1 + 1/Pr_{pc}) - 0.53$

参数范围：$p = 22.5 \sim 30\text{MPa}$，$G = 300 \sim 1850\text{kg} \cdot \text{m}^{-2} \cdot \text{s}^{-1}$，$q = 100 \sim$

$1000\text{kW}\cdot\text{m}^{-2}$，$D=7.5\text{mm}$、$10.0\text{mm}$，$L=1500\sim2000\text{mm}$，$T_\text{b}=200\sim550\text{℃}$。

Kirillov[112]等人通过试验研究，给出了超临界压力下水在管内强制对流的经验关联式。Kirillov 关联式考虑了在拟临界点流体的物性变化以及热加速和浮升力的影响，并根据 k^* 值的不同判断是否发生传热恶化抑或传热强化，进而选用不同的关系式进行计算。指数 n 依据 $\bar c_\text{p}/c_\text{pb}$ 值的不同选取不同的数值，依据流动方向是水平抑或垂直选取不同的 m 值，其形式如下：

$$\frac{Nu}{Nu_0}=\left(\frac{\bar c_\text{p}}{c_\text{pb}}\right)^n\left(\frac{\rho_\text{w}}{\rho_\text{b}}\right)^m，\text{当}\,k^*<0.01；\qquad(4-13)$$

$$\frac{Nu}{Nu_0}=\left(\frac{\bar c_\text{p}}{c_\text{pb}}\right)^n\left(\frac{\rho_\text{w}}{\rho_\text{b}}\right)^m\varphi(k^*)，\text{当}\,k^*>0.01；\qquad(4-14)$$

式中：

$$k^*=\left(1-\frac{\rho_\text{w}}{\rho_\text{b}}\right)\frac{Gr}{Re^2}$$

$$Nu_0=\frac{(\xi/8)Re\,\overline{Pr}}{b+4.5\xi^{0.5}(\overline{Pr^{2/3}}-1)}$$

Jackson[113]将不同的传热经验关联式和超临界压力下水的典型试验数据进行了比较，认为 Krasnoshchekov 和 Protopopov[108]给出的经验关联式和试验数据的吻合程度较好，并在其基础上作了进一步修改，给出了如下形式的超临界压力下的传热经验关联式：

$$Nu_\text{b}=0.0183Re_\text{b}^{0.82}Pr_\text{b}^{0.5}\left(\frac{\rho_\text{w}}{\rho_\text{b}}\right)^{0.3}\left(\frac{\bar c_\text{p}}{c_\text{pb}}\right)^n\qquad(4-15)$$

式中：

$n=0.4$，当 $T_\text{b}<T_\text{w}<T_\text{pc}$ 或 $1.2T_\text{pc}<T_\text{b}<T_\text{w}$；

$n=0.4+0.2\left(\frac{T_\text{w}}{T_\text{pc}}-1\right)$，当 $T_\text{b}<T_\text{pc}<T_\text{w}$；

$n=0.4+0.2\left(\frac{T_\text{w}}{T_\text{pc}}-1\right)\left[1-5\left(\frac{T_\text{b}}{T_\text{pc}}-1\right)\right]$，当 $T_\text{pc}<T_\text{b}<1.2T_\text{pc}$。

有关超临界流体传热的经验关联式还有很多，限于篇幅，本书仅对其中一些具有代表性的经验关联式作了简单的回顾。可以看出，很多关联式都是以 Dittus - Boelter 关系式为原形进行相应的修正，以主流及壁面温度作为定性温度。当然，超临界压力下的传热经验关联式并不仅仅局限于这一种类型，具体可以参考 Pioro 和 Duffey[61]有关超临界传热的综述性文章。

（2）试验数据与传热经验关联式的比较

如图4-35所示为几个典型的传热经验关联式和圆环形试验段试验数据的比较。图4-35（a）所示为热流密度相对质量流速较高的工况，此时属于正常传热。可以看出，在远离拟临界温度的低焓值区和高焓值区，这六个传热经验关联式和试验数据的吻合程度均较好。在拟临界区，Jackson公式和试验数据的吻合程度最好；Bishop公式和Ornatsky公式和试验数据的吻合程度也较好；Dittus-Boelter公式的预测值和试验数据的偏离度很大，明显高于试验数据；Mcadams公式和Krasnoshchekov公式的峰值点和试验数据相对比，明显向低焓值区偏移，在拟临界区这两个公式的预测值明显低于试验数据。通过以上比较分析可以发现，在正常传热的情况下，Dittus-Boelter公式、Mcadams公式和Krasnoshchekov公式由于在拟临界温度附近和试验数据偏离程度较大，不能适用于圆环形流道；Jackson公式在整个焓值范围内，和试验数据的吻合程度最好，可以适用于圆环形流道，Bishop公式和Ornatsky公式也有较好的适用性。

图4-35（b）所示的工况为传热恶化工况，此时的热流密度相对质量流速较高。从图中可以看出，在低焓值区，Dittus-Boelter公式、Mcadams公式和Jackson公式与试验数据吻合程度较好，Ornatsky公式的预测值明显偏低。在高焓值区和拟临界区，Jackson公式和Ornatsky公式的预测值和试验数据吻合度较好；Dittus-Boelter公式和Mcadams公式的预测值和试验数据偏离度很大；Bishop公式的预测值在低焓值区与试验数据相比偏低，在高焓值区和拟临界区，与试验数据的吻合程度较好。从以上分析可以看出，在传热恶化工况下，Jackson公式和Bishop公式的预测值在某些特定的焓值区段和试验数据具有较好的重复性，但是，没有哪一个经验关联式可以在整个焓值区间内和圆环形流道的试验数据都比较吻合。

通过上一章节将圆环形试验段的试验数据与经典传热关联式的对比可以发现，Jackson公式在整个焓值范围内和试验数据的吻合程度最好，这和Wang等人[114]在2010年发表的关于超临界传热经验关联式的研究结论相一致，他们认为Jackson公式在较为宽泛的参数范围内和试验数据具有较好的一致性。图4-36所示为Dittus-Boelter公式和Jackson公式的预测值和试验数据的对比，共有308个试验数据点，试验段间隙为4mm，为避免入口效应和螺旋绕丝定位件的影响，仅选择第五截面的试验数据点作为研究对象。从图4-36（a）可以看出，Dittus-Boelter公式分散度很大，只有68%的数据点位于±25%的误差范围内，还有大

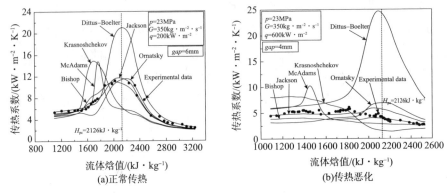

图4-35　传热经验关联式与试验数据的比较

量的数据点均位于±25%的误差范围之外，这部分数据点均位于拟临界区域，并且在这个区域内 Dittus-Boelter 公式的预测值要大于试验实测值。造成这一现象的原因是 Dittus-Boelter 公式在某些工况条件下会给出不真实的预测值，特别是在拟临界温度附近，原因在于 Dittus-Boelter 公式无法反映出拟临界区流体热物性的剧烈变化，这一现象在 Cheng 等人[115]的研究成果里有较详细的论述。图4-36(b)所示为 Jackson 公式的预测值和试验数据的对比，90%的数据点位于±25%的误差范围内，这说明 Jackson 公式可以应用于圆环形流道。

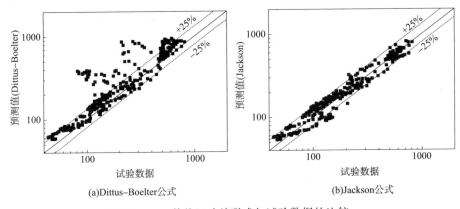

图4-36　传热经验关联式与试验数据的比较

　　图4-37所示为试验数据与 Dittus-Boelter 公式和 Jackson 公式的对比。从图4-37(a)可以看出，在热流密度相对较低的情况下，这两个公式和试验数据的吻合程度都比较好。通过和图4-35(a)相对比可以发现，质量流速相对热流密度越高，Dittus-Boelter 公式的预测值越接近试验值，这也从侧面反映出

Dittus-Boelter 公式没有考虑拟临界区物性的变化，对于物性剧烈变化的工况其预测值将产生很大误差。如图 4-37(b)所示，当热流密度提高至 1000kW·m⁻² 时，由于在拟临界区物性的剧烈变化，导致 Dittus-Boelter 公式和试验数据之间误差很大。可以看出，Dittus-Boelter 公式给出的最大传热系数为 $40\text{kW}\cdot\text{m}^{-2}\cdot\text{K}^{-1}$，而此时实际传热系数仅为 $8\text{kW}\cdot\text{m}^{-2}\cdot\text{K}^{-1}$，说明在高热流密度条件下，在拟临界区 Dittus-Boelter 公式将会带来很大误差。这一现象和 Cheng 与 Schulenberg[116] 的研究结论相一致。从图 4-37(b)可以看出，Jackson 公式的预测值和试验数据具有较好的一致性，但是在拟临界温度附近，比试验数据略高。Jackson 公式给出的最大传热系数为 $15\text{kW}\cdot\text{m}^{-2}\cdot\text{K}^{-1}$，而此时实际传热系数为 $11\text{kW}\cdot\text{m}^{-2}\cdot\text{K}^{-1}$，造成这一现象的原因可能在于 Jackson 公式是应用于圆管管内流动的经验关联式，将其应用于圆环形流道可能会带来一定的误差。图 4-37(b)所示工况为超临界水冷堆额定工况，从以上分析可以看出 Jackson 公式要应用于超临界水冷堆，需要进行相应的修正，因此需进行更为深入的研究。

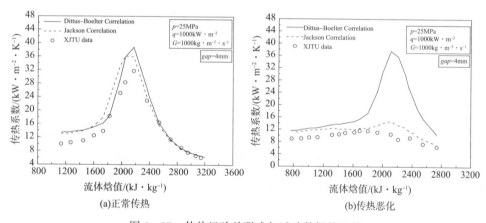

图 4-37　传热经验关联式与试验数据的比较

4.3　环腔间隙为 2mm 垂直圆环形通道的传热特性

图 4-38 所示为 2mm 环腔间隙传热试验段测点布置简图，沿内管轴向共布置了 4 个壁温测点，测点间距为 10cm，涵盖了试验段整个轴向长度。其中图 4-38(a)和(b)分别为垂直上升流动与垂直下降流动试验段测点简图。

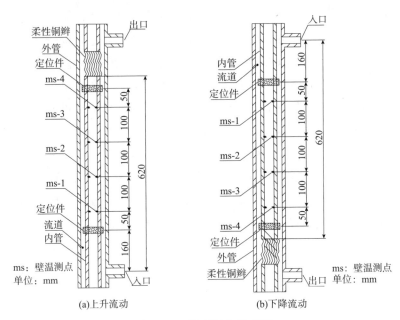

图 4 – 38　温度测点示意图

4.3.1　壁面热流密度对传热的影响

　　图 4 – 39 给出了压力 $p=25\mathrm{MPa}$、质量流速 $G=1000\mathrm{kg\cdot m^{-2}\cdot s^{-1}}$ 时壁温和对流传热系数随热流密度的变化趋势。试验段中流体流动方向为垂直向上流动，为避免入口效应以及定位件扰流对传热的影响，采用靠近出口第四截面的测量数据来进行分析。从图中可以看出，壁温分布曲线和对流传热系数曲线在不同的热流密度下表现形式差别很大。在热流密度为 $200\mathrm{kW\cdot m^{-2}}$ 及 $400\mathrm{kW\cdot m^{-2}}$ 的条件下，当流体焓值低于 $1750\mathrm{kJ\cdot kg^{-1}}$ 时，壁温曲线随流体焓值的增加平缓上升，并且壁温和主流温度之间的差值基本保持在一个恒定值，在拟临界区，壁温曲线出现一段较为平坦的区段，此时壁温与主流温度之间的温差变小，反映在对流传热系数上，如图 4 – 39(b) 所示，则在这一区域对流传热系数曲线出现了一个非常明显的峰值。当流体焓值继续增大时，壁温又再次随流体焓值的增加而上升，且壁温和主流温度之间的温差随焓值的增大而逐渐趋于一个恒定值，此时对流传热系数在经历了一个峰值后也随着主流焓值的增加而逐渐减小，并且在远离拟临界温度的高焓值区，对流传热系数要低于低焓值区的对流传热系数。当热流密度增大至 $800\mathrm{kW\cdot m^{-2}}$ 及 $1000\mathrm{kW\cdot m^{-2}}$ 时，壁温曲线和低热流密度下的表现形式完全不

同。当热流密度为 800kW·m^{-2}，流体焓值为 1750kJ·kg^{-1}时壁温和主流温度间的温差明显开始增大，壁温发生了比较明显的飞升，在拟临界区壁温和主流温度的温差达 220℃，发生了明显的传热恶化，但是流体焓值自 2000kJ·kg^{-1}开始，壁温曲线的斜率又开始回落，即壁温随流体焓值的增高而增高，但是主流温度和壁温之间的温度差又趋近于一个恒定值，此时虽然主流温度处在拟临界区，但壁温高达 580℃，贴近壁面处的流体温度已远高于拟临界温度，其热物性变化已不再如拟临界温度附近那样剧烈，此时由于热物性异常变化而引起的传热恶化现象将逐渐减弱。当热流密度为 1000kW·m^{-2}时，壁温飞升的起始焓值为 1400kJ·kg^{-1}，较 800kW·m^{-2}时的壁温飞升起始焓值有了较为明显的减小，即随热流密度的增大，壁温飞升的起始焓值逐渐向低焓值区偏移。造成这一现象的原因是当热流密度增大后虽然主流温度较低，但是在贴近壁面的边界层内已经达到了拟临界温度，从而流体热物性发生剧烈变化导致传热恶化的发生。从图中还可以看出，当热流密度从 200kW·m^{-2}增大到 400kW·m^{-2}时，对流传热系数的峰值逐渐向低焓值区偏移，原因也是由于在较高的热流密度条件下，虽然主流温度较低，但近壁面处的流体已达到拟临界温度，热物性发生剧烈变化从而导致传热异常现象的发生。

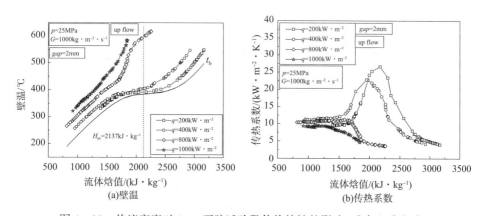

图 4-39　热流密度对 2mm 环腔试验段传热特性的影响（垂直上升流动）

图 4-40 给出了压力 $p=25$MPa、质量流速 $G=1000$kg·m^{-2}·s^{-1}时壁温和对流传热系数随热流密度的变化趋势。试验段中流体流动方向为垂直向下流动，为避免入口效应的影响，采用靠近试验段出口的第四截面的测量数据。可以看出，和垂直上升流动相类似，壁温随流体焓值的增加而增高，对流传热系数随热流密度的增高而减小。但是，通过比较可以发现，在相同的压力、质量流速和热流密

度条件下，对流传热系数在数值上有所差别，将热流密度为 $800kW \cdot m^{-2}$ 时上升流动和下降流动的壁温进行对比可以发现，在主流温度同为拟临界温度时，垂直上升流动壁温为 $600℃$，而垂直下降壁温仅为 $480℃$，两者相差达 $120℃$。这一现象说明在相同的工况下，流动方向的改变对传热具有一定的影响，垂直下降流动可以明显地抑制壁温飞升以及传热恶化的发生，对超临界水冷堆堆芯设计而言，这意味着冷却剂采取自上而下流过堆芯的方式有助于降低燃料元件包壳壁温，获得更高的安全裕度。

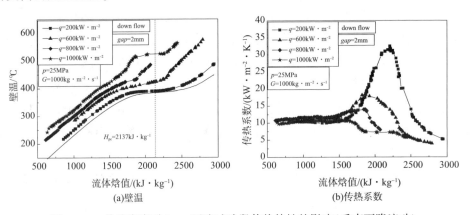

图 4 - 40　热流密度对 2mm 环腔试验段传热特性的影响（垂直下降流动）

4.3.2　垂直上升流动与垂直下降流动的对比

如图 4 - 41(a)所示为在相同工况下垂直上升流动试验段与垂直下降流动试验段中壁温曲线的对比图（采用试验段第四截面的试验数据）。可以看出，在热流密度相对质量流速较小的情况下（ $q = 200kW \cdot m^{-2}$， $G = 1000kg \cdot m^{-2} \cdot s^{-1}$），在上升流动试验段与下降流动试验段中的壁温分布曲线几乎重合。从图 4 - 41(b)可以看出，此时上升流动试验段与下降流动试验段中的对流传热系数曲线在低焓值区和高焓值区也几乎重合，只是在拟临界温度附近，垂直下降流动试验段中对流传热系数略高于垂直上升试验段。从以上结果可以看出，在质量流速相对热流密度较大的情况下，浮升力的影响几乎可以忽略，此时上升流动与下降流动试验段中的壁温分布及对流传热系数差别很小。从图 4 - 41(b)可以看到，在拟临界区由于工质密度、比热容等热物性参数的急剧变化，以及浮升力的联合作用，造成在这一区域上升流动与下降流动的对流传热系数峰值有所差别。

在热流密度相对质量流速较大的情况下（ $q = 1000kW \cdot m^{-2}$， $G =$

$1000kg \cdot m^{-2} \cdot s^{-1}$），垂直上升试验段和垂直下降试验段中对流传热系数的差别较为明显。在远离拟临界温度的低焓值区，两者之间差别不大，随流体焓值增加，在拟临界区，下降管中的对流传热系数明显高于上升管。从图中还可以看出，下降管中的壁温明显低于上升管中的壁温，且从低焓值区到拟临界区，两者之间的壁温差愈来愈大。例如，在主流焓值为$1824kJ \cdot kg^{-1}$时，在下降管和上升管中的壁温分别为550℃和620℃，温差达70℃。从图4-41(a)中可以看出，在热流密度高达$1000kW \cdot m^{-2}$时，在上升流动中发生了较为明显的壁温飞升，但是在下降流动中仅仅在主流焓值为$1750 \sim 2250kJ \cdot kg^{-1}$这一区段，壁温曲线有略微上升的趋势，这说明在下降流动中可有效抑制因浮升力所引起的传热恶化。通过以上分析可以看出，在热流密度较高的情况下，在下降流动中的对流传热要好于上升流动，其壁温明显低于上升流动试验段的壁温。如图4-41所示，工况和超临界水冷堆概念设计的工况参数相接近（$q = 1000kW \cdot m^{-2}$，$G = 1000kg \cdot m^{-2} \cdot s^{-1}$），可以看出，堆芯冷却剂采用向下流动对燃料元件冷却而言要明显好于冷却剂自下而上流过堆芯的流动方式。

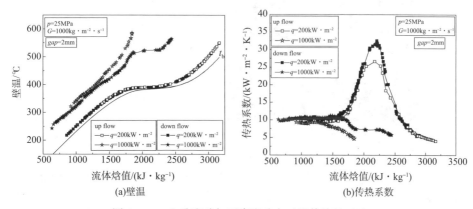

(a)壁温　　　　　　　　　　　(b)传热系数

图4-41　上升流动与下降流动中对流传热的对比

4.3.3　定位隔架对传热的影响

在前文中已分析过4mm及6mm环腔间隙试验段中螺旋绕丝定位件对传热的影响，在2mm环腔间隙试验段中，采用如图4-42所示的不锈钢定位件，不锈钢定位件置于试验段第一测量截面处，即图4-38中的ms-1位置。图4-43所示为质量流速较高的条件下，沿试验段轴向四个截面处壁温及对流传热系数随流体焓值的变化曲线。可以看出，在四个截面处，壁温和对流传热系数曲线的形状基本相同，且从第一截面到第四截面，对流传热系数逐渐减小。这说明在 ms-1 处定位件的扰流作用使局部传热得到了强化，表现为 ms-1 处的壁温最低，对流传热系数最大。从图中还可以看出，沿流动方向，对流传热系数逐渐减小，且逐渐趋近于一个定值，这和单相流动中定位扰流件对传热的影响趋势基本相同，即沿流动方向其对下游传热的影响是逐渐递减的。图 4-44 所示为质量流速相对较低的情况下定位件对传热的影响，可以看出，和质量流速较高的情况相对比，其传热系数的减小趋势沿下游流场衰减得更快，这说明定位件对下游流场的影响不仅和其几何形状有关，质量流速也是一个重要影响因素。

将 2mm 试验段中定位件对流场的影响和 4mm 及 6mm 试验段相对比可以发现，虽然 2mm 试验段中的不锈钢定位件和 4mm 及 6mm 试验段中的螺旋绕丝定位件几何结构完全不同，但都具有明显的对当地局部传热的强化作用，且这两种不同结构形式的定位件对下游流场的影响趋势也基本相同，质量流速是决定定位件对下游流场波及范围的一个重要参数。

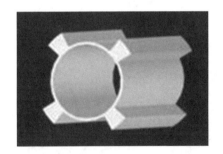
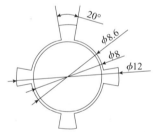

图 4-42　定位件结构简图

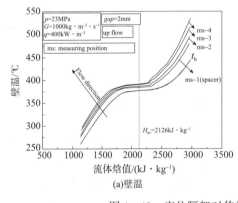
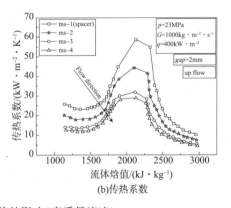

(a)壁温　　　　　(b)传热系数

图 4-43　定位隔架对传热的影响(高质量流速)

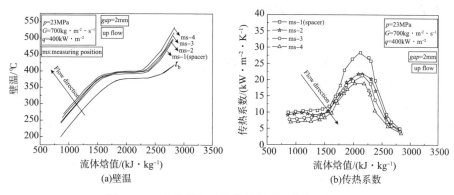

(a)壁温   (b)传热系数

图4-44　定位隔架对传热的影响(低质量流速)

图4-45所示为上升流动与下降流动试验段中测量截面ms-1及ms-4处壁温的对比。从这四个截面的壁温曲线可以看出，在低焓值区上升流动与下降流动在相对应的截面处壁温相差并不大，在高焓值区，下降流动的壁温比上升流动的壁温稍高，说明在这个工况下浮升力的作用虽然存在但是对传热的影响并不大。造成这一现象的原因是在热流密度较低的情况下，壁温和主流温度的温差较小，因此浮升力相应较小，定位件对当地及下游流场的扰动会明显削弱浮升力的影响，因此在上升及下降两种流动中壁温相差不大。

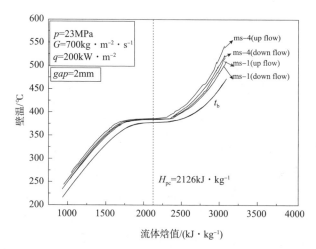

图4-45　不同流动方向和测量截面处壁温的比较(低质量流速)

图4-46所示为热流密度为800kW·m^{-2}，质量流速为1000kg·m^{-2}·s^{-1}时上升流动与下降流动的对比，可以看出，在上升流动试验段中远离定位件的ms-4处发生了明显的传热恶化，在拟临界区具有明显的壁温飞升现象。相反，

在下降流动中 ms - 4 截面的壁温在低焓值区和上升流动较为接近，但是在拟临界区壁温明显低于上升流动，即流动方向的改变有效抑制了传热恶化的发生。在靠近定位件的 ms - 1 截面处，也发生了同样的现象，即上升管中的壁温在拟临界区及高焓值区明显高于下降管。从传热系数的图中可以看出，下降管中在拟临界区传热系数曲线具有明显的峰值，出现了较为明显的传热强化，而在上升管中，传热受到了一定程度的抑制。例如，远离定位件的 ms - 4 截面处上升流动与下降流动的最大传热系数分别为 $5kW \cdot m^{-2} \cdot K^{-1}$ 及 $17kW \cdot m^{-2} \cdot K^{-1}$，下降流动的传热系数是上升流动的三倍以上，说明在热流密度较高的情况下，下降流动可以较为明显地改善传热。

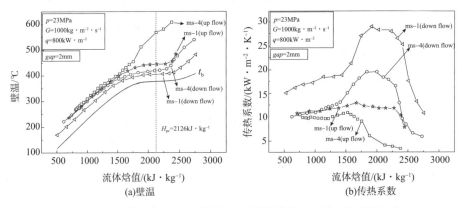

图 4 - 46　不同流动方向和测量截面处传热特性的比较(高质量流速)

4.3.4　与现有的超临界传热关联式的比较

迄今为止，已有很多研究者根据其研究结果给出了很多适用于超临界压力下流体的强制对流传热的经验关联式，图 4 - 47 所示为 Dittus - Boelter 公式与不同热流密度下试验数据的对比。从图中可以看出，在流体焓值低于 $1500kJ \cdot kg^{-1}$ 时 Dittus - Boelter 公式与不同热流密度试验数据的吻合程度都比较好，但是在拟临界区，由于流体热物性的剧烈变化，只有热流密度为 $200kW \cdot m^{-2}$ 的试验数据与 Dittus - Boelter 公式吻合度较好，热流密度越大，试验数据与 Dittus - Boelter 公式的偏离程度越大。造成这一现象的原因是在高热流密度下贴近壁面的流体与主流流体的热物性及温度均有所差别，在一定条件下会产生浮升力，从而使壁面与主流之间的传热受到一定程度的抑制。

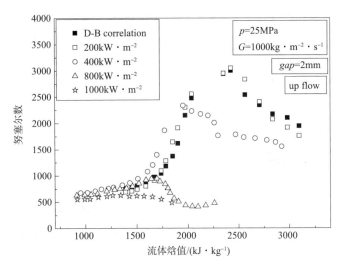

图 4-47　不同热流密度下试验数据与 Dittus-Boelter 公式的比较

在前文中已经提及，虽然对超临界压力区传热恶化的机理仍然存在争议，但研究者已经意识到浮升力可能是导致传热异常的一个重要因素。图 4-48 所示为上升与下降流动中 Jackson[97] 浮升力判定准则的比较，图 4-49 所示为与图 4-48 工况所对应的壁温分布曲线。从图中可以看出，在上升与下降流动中，试验数据均满足 $\overline{Gr}_b/Re_b^{2.7} < 10^{-5}$ 的条件，即按照 Jackson 浮升力判定准则来衡量，在图中所示工况下，无论上升管还是下降管中，浮升力的影响均可以忽略。但是，从图 4-49 可以明显看出，在热流密度为 1000kW·m^{-2} 时，上升管中的壁温明显高于下降管中的壁温，在拟临界温度之前，上升管中的壁温随焓值的升高增幅明显，发生了较明显的传热恶化，但是在下降管中，在拟临界温度之前壁温只发生了小幅度的跃升，之后壁温又开始回落。从壁温的对比可以看出，上升与下降流动中壁温的差别是由于浮升力的影响而引起的，因此，Jackson 浮升力判定准则与本试验的结果并不能取得很好的一致性。从图 4-48 可以看出，当热流密度为 1000kW·m^{-2} 时，虽然此时试验数据均满足 $\overline{Gr}_b/Re_b^{2.7} < 10^{-5}$ 的条件，但是其具体数值在相当一部分流体焓值范围内介于 $0.3 \times 10^{-5} < \overline{Gr}_b/Re_b^{2.7} < 10^{-5}$ 的范围内，并且，上升流动中的 Jackson 浮升力准则数明显比下降管中的高，这说明 Jackson 浮升力判定准则在本试验的圆环形流道中具有一定的适应性，可以进行定性的判定，但是须对其进行相应的修改，不然无法进行定量的判断。在热流密度为 200kW·m^{-2} 时，从图 4-48 可以看出，在上升与下降流动中，Jackson 浮升力准则数在整个焓值范围内几乎相等，这一点在图 4-49 的壁温曲线中可以得到

印证，在整个焓值范围内，上升流动与下降流动在热流密度为200kW·m^{-2}时其壁温曲线几乎重合。通过以上分析可以看出，在热流密度较低时，Jackson浮升力判定准则和试验数据具有较好的一致性，但是在高热流密度下，Jackson浮升力判定准则在定性上可以分析判定不同流动方向试验段中浮升力影响的强弱，但是在定量上并不适用于圆环形试验段，需进行必要的修正。

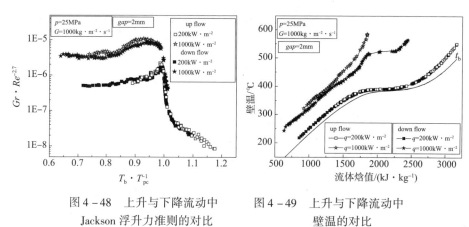

图 4-48　上升与下降流动中　　　图 4-49　上升与下降流动中
Jackson 浮升力准则的对比　　　　　壁温的对比

通过将不同传热经验关联式和试验数据进行对比，找出其差别，不仅可以解释工况参数对传热的影响，而且可以对各经验关联式进行更为客观实际的评价。图 4-50 所示为四个经典传热经验关联式与试验数据的对比，为避免入口效应对传热的影响，图中试验数据均为远离试验段入口的第四截面。在热流密度较低时，如图 4-50(a)所示，Jackson 公式和 Dittus-Boelter 公式与试验数据的吻合程度较好，Bishop 公式和 Yamagata 公式的预测值比试验数据高，尤其是在拟临界区域。在热流密度较高时，如图 4-50(b)所示，Bishop 公式在整个焓值范围内其预测值比试验数据偏高，但是，在趋势上和试验数据具有较好的一致性；Dittus-Boelter 公式在流体焓值较低时和试验数据具有较好的一致性，在流体焓值超过 1200kJ·kg^{-1}后，其预测值和试验数据偏离程度很大，愈接近拟临界区，偏离程度愈大；Yamagata 公式的预测值在整个焓值范围内和试验数据均有较大的偏差；Jackson 公式在趋势上和试验数据具有较好的一致性，在流体焓值为 1600~1800kJ·kg^{-1}的范围内，其预测值比试验数据略低，在其他区段和试验数据均具有较好的一致性。通过综合分析可以看出，Jackson 公式和试验数据的吻合程度最好，在低热流密度条件下，能较好地预测试验数据，在热流密度高达 1000kW·m^{-2}时，Jackson 公式和试验数据仍具有一定程度的一致性，只是在拟临界区域，由于近壁面处流体物性的剧烈变化导致传热受到较强的抑制，此时，Jackson 公式预测值比试验数据偏高。造成这一现象的原因是 Jackson 公式是以圆管管内流动试验数据为基础，而本试验是圆环形流道结构，另一个原因可能是在较高的热流密度下，传热机理发生了改变，因而，Jackson 公式的预测值与试验数据之间产生了偏差。

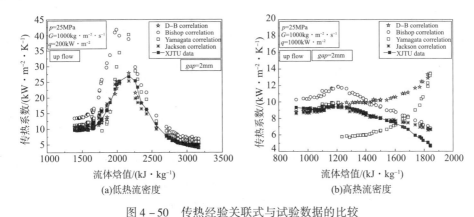

图 4-50 传热经验关联式与试验数据的比较

4.4 超临界压力水的传热机理

与常规压水堆核电系统相比，超临界水冷堆（SCWR）堆芯内冷却剂的流动与传热过程具有一定的特殊性，主要体现在两个方面：其一，由于超临界水冷堆概念堆型堆芯设计压力为 25MPa，因此冷却剂没有明显的气液两相之分，在传热与流动规律上和单相流体具有一定的相似性；其二，在超临界水冷堆的启动、停堆过程中总会经历超临界流体的大比热容区。通常境况下，人为地将比热容大于 $8.4kJ \cdot kg^{-1} \cdot K^{-1}$ 的区域称为大比热容区，或相变区，对超临界流体的传热与流动而言，大比热容区一般是研究的重点。在大比热容区，工质的热物性参数随着温度和压力的变化而剧烈变化，造成在这一区域工质的流动与传热具有不同于单相流体和两相流体的特殊性。其主要表现就是，当管壁温度高于拟临界温度而流体温度低于拟临界温度时，在低热流密度下会发生传热强化，传热系数增高，而换热面金属壁温几乎不变；随着热流密度的增加，对流传热系数逐渐减小，传热强化作用逐渐减弱，当热流密度持续增加时，对流传热系数将变得很小，壁温迅速升高，传热受到了明显的抑制，热流密度越高，传热恶化的程度也越高。这种类型的传热恶化显然与亚临界压力下的传热恶化完全不同,从表现形式上看也并不会出现烧干或者壁温急剧飞升的现象。并且,超临界压力下的传热恶化仅在很窄的工况参数范围内才会出现。

4.4.1 超临界压力水的传热强化

所谓超临界压力下的传热强化,是指在试验段局部位置或整个试验段全尺寸范围内对流传热系数具有较高的数值,而管壁壁温相应具有较低的数值。通过前面章节的分析,本书作者认为在拟临界温度附近出现对流传热系数的峰值即可认为是传热强化的具体表现形式。

如图 4 - 51 所示为压力为 23MPa,质量流速为 1000kg · m^{-2} · s^{-1} 时不同热流密度对传热的影响。从图 4 - 51(b)可以看出,在热流密度为 200kW · m^{-2}、400kW · m^{-2} 及 600kW · m^{-2} 时对流传热系数曲线在拟临界温度附近都出现了明显的峰值,说明在这三个工况下都出现了明显的传热强化。从图 4 - 51(a)壁温分布曲线可以看到,壁温随流体焓值的增加而单调增加,但是在与传热系数峰值点所对应焓值处壁温曲线有一明显的平缓区段,在这个区段中随着流体焓值的增加,壁温几乎不变,也就是说,从壁温曲线来分析,在拟临界温度附近若出现流体焓值增加而壁温几乎不变的现象,即说明出现了传热强化。仔细观察壁温曲线还可以看到,传热强化发生在图中所示十字虚线的左上部位,也就是管壁温度高于拟临界温度而流体温度低于拟临界温度,这是超临界流体发生传热强化的一个特点。从传热系数曲线可以清楚地看到传热强化发生时的特征,在拟临界温度附近区域,传热系数曲线出现了明显的峰值,当然,传热强化并不仅仅指的是峰值这一点,而是有一个范围,当传热系数大于 20kW · m^{-2} · K^{-1} 时即可认为发生了传热强化。从图中还可以看到,随热流密度增加,传热系数的峰值逐渐减小,且传热强化所对应的主流焓值范围也会相应减小,这说明提高热流密度会使传热受到抑制。从图 4 - 51(b)中还可以看到一个有趣的现象,即随着热流密度的增加,传热系数的峰值点逐渐向低焓值方向偏移,造成这一现象的原因是在较高的热流密度下,虽然主流温度较低,但是此时贴近壁面处的流体温度已经接近拟临界温度。因此,将热流密度提高,传热强化的位置会逐渐向低焓值方向偏移。

迄今为止,对于大比热容区发生传热异常现象的机理,研究者还没有形成统一的认识,只是笼统地归因于大比热容区流体热物性的剧烈变化。从已发表的文献来看,对于超临界压力下大比热容区内传热异常现象的解释,主要有两种:其

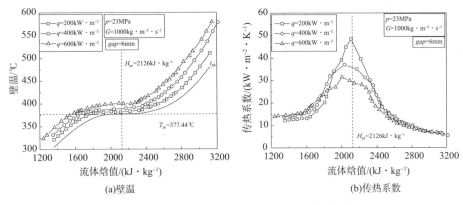

图4-51　热流密度对传热特性的影响(传热强化)

一是 Ackerman[66] 与 Goldmann[69] 提出的两相似沸腾传热机理，即超临界压力下的传热强化与亚临界压力下的两相沸腾相类似，在近壁面处液体被壁面加热从而变为密度较小的"轻流体"，由于浮力作用，"轻流体"不断离开壁面而主流密度较大的流体持续填补该区域，这一过程导致流体湍流度加强，从而使流体与加热面之间的传热得以强化。对于这一理论，所提供的相应证据有两个：一个是在传热强化发生时在试验过程中听到了所谓的"沸腾噪声"；另一个是 Nishikawa[117] 在超临界二氧化碳自然对流试验中拍摄到的拟核态沸腾和拟膜态沸腾照片。有关超临界流体在大比热容区的传热异常现象还有另一种被大多数研究者所接受的解释，即将超临界压力下的对流传热看作是一般意义上的变物性单相流体强制对流换热，将大比热容区内的传热强化归因于流体热物性的剧烈变化。本书的试验数据也印证了这一观点，即超临界流体在大比热容区的传热强化与流体热物性的剧烈变化具有密切联系。

图4-52所示分别为压力对传热系数和比热容的影响。从图4-52(a)可以看出，在热流密度相对质量流速较小的情况下，发生了明显的传热强化，23MPa下的传热系数最高，随压力升高，传热系数逐渐减小。将图4-52(a)和(b)进行对比可以发现，对流传热系数曲线随压力的变化趋势与定压比热容随压力的变化趋势非常相似，因此可以推断在传热强化工况下，大比热容区内定压比热容的变化是导致传热异常的一个重要因素。很显然，正是由于在拟临界温度附近流体热物性，特别是定压比热容的增大，导致了传热强化的发生。从宏观上看，比热容增大意味着相同流量的水可以带走更多的热量，因而在固定的流动参数条件下，比热容增大将会导致加热面获得更为有效的冷却，流体与加热面之间的对流传热

得到了强化。在拟临界温度附近发生的传热强化现象，是多种因素综合作用的结果。例如，与加热面毗邻的流体由于受热而和主流之间产生温差，温差导致密度差从而产生了浮升力，由于浮力的扰动，贴近壁面的较低密度流体脱离壁面，其产生的附加湍流也会使主流和加热面之间的传热得到一定程度的强化。因此，也就是说，在拟临界温度附近流体热物性的剧烈变化是传热强化的诱因，但是，传热强化的发生还有其他一些因素，其本质机理还需进行更为深入的研究。

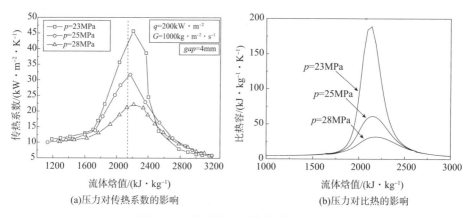

(a)压力对传热系数的影响   (b)压力对比热的影响

图 4-52　热流密度对传热特性的影响

4.4.2　超临界压力水的传热恶化

超临界压力下的传热恶化，是指在较高的热流密度和较低的质量流速下，与正常传热相比较，在试验段局部位置或整个试验段全尺寸范围内对流传热系数较低，而管壁壁温相应较高。图 4-53 所示为圆环形试验段发生传热恶化的典型工况，如图 4-53(a)所示，当热流密度相对较低时，壁温曲线随流体焓值单调上升，且在拟临界区发生了较明显的传热强化，当热流密度增大时，壁温相应升高，当热流密度升高到一定值时，便出现了明显的传热恶化。如图所示，在热流密度 $600\text{kW} \cdot \text{m}^{-2}$ 时，壁温曲线和低热流密度下的壁温曲线完全不同，随流体焓值增大，壁温快速升高，在拟临界温度之前，出现了一个明显的壁温峰值，之后，随流体焓值的增加，壁温又逐渐下降而后再次升高，并且，壁温的峰值出现在主流温度低于拟临界温度而壁温高于拟临界温度处，此时管壁和主流的温度差高达 190℃，出现了严重的传热恶化。从图 4-53(b)可以看出，当传热恶化发生时，对流传热系数急剧减小，当热流密度从 $200\text{kW} \cdot \text{m}^{-2}$ 升高至 $600\text{kW} \cdot \text{m}^{-2}$ 时，对流传热系数从 $15\text{kW} \cdot \text{m}^{-2} \cdot \text{K}^{-1}$ 减为 $4\text{kW} \cdot \text{m}^{-2} \cdot \text{K}^{-1}$。从对流传热系数也可以明显区分出传热恶化，即和正常传热相对比，在大比热容区对流传热系数明显减小。从对流传热系数曲线的特征上来看，在发生传热恶化时，除了传热系数明显偏小，在大比热容区也不存在传热系数曲线的一个明显的峰值，这是和正常传热的一个区别。图4-54所示为不同压力下传热恶化工况的对比，可以看出，图中压力为23MPa工况的壁温明显高于25MPa的壁温，相应的23MPa工况的对流传热系数也比25MPa的低，这说明传热恶化的程度随压力的减小有增强的趋势，越接近拟临界压力，则传热恶化越明显，这一现象说明传热恶化的发生和拟临界温度附近热物性的剧烈变化密切相关，对超临界压力下的流动与传热而言，提高压力可以增大设备的安全裕度。

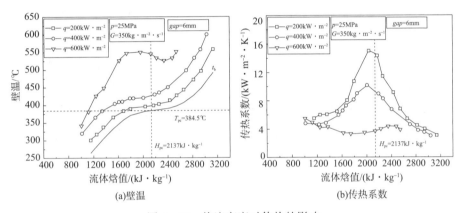

图4-53 热流密度对传热的影响

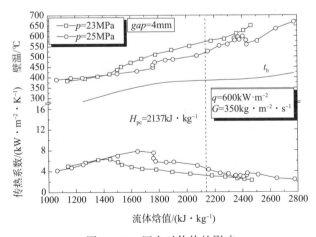

图4-54 压力对传热的影响

对于超临界压力下的传热恶化，众多研究者提出了很多不同的解释。在前期的研究中 Ackerman[66] 与 Goldmann[69] 提出了两相拟沸腾理论，认为超临界压力下的传热恶化类似于亚临界压力下的核态沸腾向膜态沸腾的转变，即在质量流速较低而热流密度较高的条件下，在加热面上会形成一层稳定的气态膜，类似于亚临界压力下的膜态沸腾，此时壁面产生的热量必须穿过附着于加热壁面上的这一层热阻较大的气态膜，所以壁温会升高而传热系数相应降低。支持该理论的证据有两个，即在传热试验过程中听到的"沸腾噪声"，以及 Nishikawa[117] 在超临界二氧化碳自然对流试验中拍摄到的拟核态沸腾和拟膜态沸腾照片。对于这一理论，很多研究者均持怀疑的态度，大部分研究者[60,62,65,68,72,95]倾向于认为传热恶化与拟临界区内的流体热物性剧烈变化有一定的因果关系，但是对于流体物性变化如何导致传热恶化的发生，还没有形成统一的认识。Shiralkar[65] 等人发现在相同的工况条件下，垂直上升管发生传热恶化而垂直下降管不发生传热恶化，这说明浮升力在超临界流体的传热恶化中可能起到关键的作用，原因是在临界点附近流体密度变化很大，而运动黏性又很小，Gr 相对很大，此时由于近壁面流体和主流之间的密度差所造成的浮升力也相当大；并且，在加热管内流体密度的剧烈变化会引起流动加速度变大，因此在质量流速较低时浮升力和流体热加速将会导致严重的传热恶化。本书作者认为超临界流体的传热恶化既要考虑特定情况下流体热物性剧烈变化带来的影响，还要考虑浮升力及流体热加速等其他一些因素的影响。

在亚临界压力下，当传热恶化（DNB）发生时，壁温飞升非常明显，因此对于亚临界压力下传热恶化的判定相对较为简单。在超临界压力下，当热流密度较高而质量流速较低时很容易观察到传热恶化的发生，然而，超临界压力下的传热恶化其传热系数的降低抑或壁温的升高幅度与亚临界压力下的传热恶化（DNB）相比，明显要平缓得多。因此，在已公开发表的文献中，关于超临界压力下传热恶化起始点的判定，并没有一个统一的标准。

图 4 – 55 所示为质量流速较低时 4mm 及 6mm 试验段壁温分布图。在这两个图中测点 $2(t_{w_2})$ 处壁温明显高于相邻测点，这一现象即表明在局部位置发生了传热恶化。在 4mm 以及 6mm 试验段中，在质量流速较低的工况下，都观察到了传热恶化的发生。

图 4 – 56 所示为 4mm 及 6mm 试验段在相同工况下发生传热恶化的对比图。在这两个试验段中都发生了传热恶化，其区域位于拟临界温度之前（焓值范围在 $1600 \sim 1800 \text{kJ} \cdot \text{kg}^{-1}$ 之间）。可以看出，在 6mm 试验段中，壁温上升的趋势较为平缓，相反，在 4mm 试验段中，壁温升高的幅度相对剧烈，有一个明显的峰值

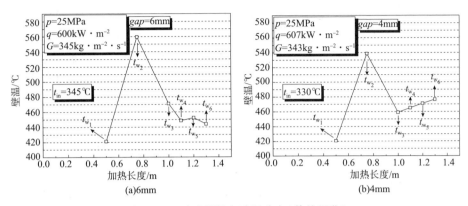

图4-55 试验段轴向壁温分布(传热恶化)

点。这说明传热恶化的发生和流道结构之间有一定关联,相同的参数下若流道几何结构不同,传热恶化的表现形式可能不同。造成这一现象的原因可能是流道几何结构的改变会造成流动及热边界层的改变,从而在宏观上引起一系列的改变。因此,从本试验的结果来看,超临界压力下传热恶化起始点的判定准则并不仅仅依赖于流动参数,流道几何结构也是必须考虑的重要因素,这也是截至目前关于超临界传热恶化起始点仍然没有一个统一判定准则的重要原因。

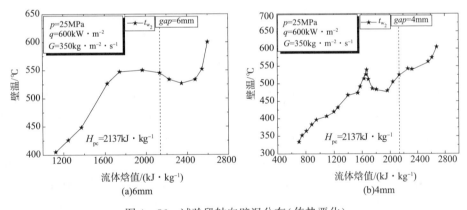

图4-56 试验段轴向壁温分布(传热恶化)

由于在超临界压力下发生传热恶化时的壁温升高是一个缓慢而且平滑的过程,要比亚临界压力下的传热恶化(DNB)温和许多,因此,要准确预测传热恶化的起始点比较困难。本书通过将试验数据与已公开发表的评价传热恶化起始点的关系式进行对比,以期对这些关系式做出一个客观的评价。

Styrikovich等人[118]根据内径为22mm的圆管试验数据,提出了一个预测传热

恶化起始点的热流密度与质量流速关系式:

$$q = 580.0G \qquad (4-16)$$

Yamagate 等人[68]做了一系列超临界水的传热试验,提出用接近零热流密度下的换热系数 h_0 作为参考的换热系数,当 h/h_0 小于 0.3 时则认为发生了传热恶化。目前公认的看法是质量流速越高,发生传热恶化所需要的热流密度越大。以内径为 10mm 的光滑圆管试验数据为基础,Yamagata 给出了一个判定传热恶化起始点的关系式:

$$q = 200G^{1.2} \qquad (4-17)$$

由于目前对传热恶化的发生原因尚未达成统一的理论解释,一些学者认为超临界压力下水在拟临界区的密度骤降而引起的浮升力效应及流体热加速是导致发生传热恶化的根本原因。考虑到热加速效应对传热的影响,Ogata 等人[119]提出了如下关联式来判定传热恶化起始点:

$$q = 0.034 \cdot \sqrt{\frac{f}{8}} \cdot \left(\frac{C_p}{\beta}\right)_{PC} \cdot G \qquad (4-18)$$

基于对同一机理的分析研究,Petuhkov 等人[120]推导出了一个类似上式的关系式对传热恶化进行判定:

$$q = 0.187 \cdot f \cdot \left(\frac{C_p}{\beta}\right)_{PC} \cdot G \qquad (4-19)$$

图 4-57 给出了压力为 25MPa,环缝间隙为 4mm 的试验工况下,由以上四个公式所计算的发生传热恶化时热流密度随质量流速的变化情况。从图中可以看出,不同关联式预测的热流密度 – 质量流速关系差异较大,Yamagata 和 Styrikovich 的经验关联式比其他两个半经验关联式所预测的临界热流密度要小很多。图中虚线框所示为在整个环缝间隙试验中未发生传热恶化的区域,包括质量流速为 350kg·m^{-2}·s^{-1} 及热流密度为 400kW·m^{-2};质量流速为 700kg·m^{-2}·s^{-1} 及热流密度为 600kW·m^{-2};质量流速为 1000kg·m^{-2}·s^{-1} 及热流密度为 1000kW·m^{-2}。从试验数据与关联式的对比可知,Yamagata 关联式和 Styrikovich 关联式预测的临界热流密度偏小,即这两个关联式对传热恶化起始点的预测较为保守。试验工况中在质量流速为 350kg·m^{-2}·s^{-1}、热流密度为 600kW·m^{-2} 以及质量流速为 700kg·m^{-2}·s^{-1}、热流密度为 800kW·m^{-2} 时发生了传热恶化,在该传热恶化区域内,试验数据与 Otaga 关联式较为接近而 Petruhkov 关联式的预测结果明显偏高。综合以上分析可以看出,Otaga 关联式所预测的传热恶化起始点与试验结果最为接近,可以作为环形通道内超临界水传热恶化起始点的判定参考关联式。

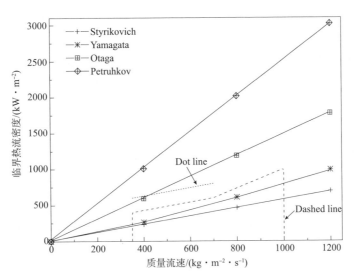

图 4 – 57 不同关联式预测的传热恶化起始点

4.5 小结

本章系统研究了 ϕ8mm 圆管在环腔间隙分别为 2mm、4mm 及 6mm 的垂直上升及垂直下降试验段中的传热特性，可得到如下结论：

（1）在环腔间隙分别为 2mm、4mm 及 6mm 的试验段中均观察到了两种类型的传热模式，即热流密度相对质量流速较高时的正常传热，以及热流密度相对质量流速较低时的传热恶化。

（2）在超临界压力区，圆环形试验段的传热特性在主流流体的不同焓值区具有不同的表现形式。

①正常传热工况下，在远离拟临界焓值的低焓值区和高焓值区域，传热特性呈现出相似的规律，即管壁温度随流体焓值的增大近似单调地增大；在拟临界焓值区域，管壁温度随流体焓值的增大其变化趋势较为平缓，在某些情况下，壁温曲线会呈现出一个几乎水平的区段，相应的，对流传热系数曲线会出现一个明显的峰值，在有些研究者的论述中将这一现象称之为传热强化。

②传热恶化工况下，在远离拟临界焓值的低焓值区和高焓值区域，传热特性呈现出和正常传热工况相类似的规律，即管壁温度随流体焓值的增大而单调地增大；在拟临界焓值区域，管壁温度随流体焓值的增大会出现先增大后减小的情

况，在壁温曲线上会出现一个较为明显的峰值，此时的对流传热系数曲线会呈现出一个明显的凹峰，这一现象即称之为传热恶化。

（3）超临界压力下的传热模式属于变物性的强制对流传热，在拟临界温度附近区域所发生的传热强化现象是由多种因素共同作用所造成。拟临界温度区域流体热物性（主要是边界层内导热系数及定压比热容）的剧烈变化是发生传热强化的主要原因。

（4）超临界压力下的传热恶化现象也是由多种因素共同作用所造成，既要考虑在特定情况下流体热物性变化带来的影响，还要考虑浮升力以及流体热加速等其他一些因素的影响。

（5）环腔间隙尺寸对传热特性有一定影响。在热流密度相对质量流速较低时，6mm 环腔间隙试验段中的传热系数明显高于 4mm 环腔间隙试验段，而在热流密度相对质量流速较高时，其传热系数的差别将会减小。通过对不同环腔间隙试验段中传热恶化工况的对比可以发现，传热恶化的发生不仅取决于热流密度及质量流速等参数，流道几何结构也会影响到传热恶化的具体表现形式。对于传热恶化的判定及传热恶化起始点的预测，除了热流密度及质量流速，流道几何结构也是一个必须考虑的因素。

（6）本次试验中使用了两种不同结构形式的定位阻力件来模拟核反应堆燃料元件定位格架对传热特性的影响。虽然 2mm 试验段中的不锈钢定位件与 4mm、6mm 试验段中的螺旋绕丝定位件几何结构完全不同，但两者都具有明显的对当地局部传热的强化作用，且这两种不同结构形式的定位件对下游流场的影响趋势也基本相同。质量流速是决定定位阻力件对下游流场波及范围的一个重要参数。

5 亚临界压力区圆环形流道的流动及传热特性

环形通道作为一种重要的流动及传热通道，具有传热结构紧凑，换热系数高以及流动稳定性好等优点，在核动力设备、石油工程、能源化工等各个领域都有广泛的应用。气液两相流体的流动及传热问题是现代工业的重点关注内容，特别是在核反应堆的设计和运行中，反应堆堆芯的热工水力特性以及一回路蒸汽发生器内两相流的流动和换热都是典型的沸腾流动换热问题。虽然众多学者已经对亚临界压力区的流动及传热特性做过深入研究，但前人的试验研究大多是针对圆管及内螺纹管，针对以水为工质的亚临界压力区环形通道的研究还比较欠缺。此外，国内外有关环形通道内流体的流动及传热特性研究尚未得出公认的结果，很多研究人员的试验结果差异较大。因此，本章针对圆环形通道内在亚临界压力区的流动及传热特性研究具有一定的现实意义。

在亚临界压力区，气液两相共存时的核态沸腾具有较好的传热特性，但是随着主流流体干度的增加，加热壁面会逐渐被气膜所覆盖而不能得到主流流体的冷却，出现膜态沸腾(DNB)并导致传热能力下降。随着干度的进一步升高，加热壁面的液膜被蒸干，使得壁温急剧升高，出现第二类传热恶化(烧干)。这两种类型的传热恶化分别以临界热负荷与临界干度表示。本章对环腔间隙为6mm的圆环形通道在亚临界压力区的流动及传热特性展开了系统研究，分析并讨论了压力、质量流速和热流密度等参数对流动及传热特性的影响，根据试验数据拟合了单相及两相区的对流传热系数计算公式；给出了发生传热恶化时的临界热负荷以及临界干度的预测公式；根据试验结果给出了圆环形通道的单相摩擦阻力系数；分析了两相区摩擦压降倍率的影响因素并给出了预测公式。

5.1 圆环形通道的传热特性

5.1.1 压力的影响

图 5-1 给出了质量流速为 350kg·m^{-2}·s^{-1} 及热流密度分别为 200kW·m^{-2}、400kW·m^{-2} 时不同压力下圆环形试验段的壁温及传热系数分布。由图 5-1(a) 可见，当热流密度较小时，在焓值小于 1300kJ·kg^{-1} 的低焓值区，试验段的管壁温度趋于一致，对压力变化不敏感。随着预热段功率的提高，试验段内流体进入气液两相区，此时的换热包括过冷沸腾换热和饱和沸腾换热两种模式。在气液两相区，管壁温度基本保持不变，但是随着压力从 11MPa 提高到 19MPa，水的饱和温度相应升高，导致环形通道试验段管壁温度也随之升高。由图 5-1(a) 还可以看出，一方面，随着压力提高，传热恶化的起始焓值向低焓值区偏移，即压力的升高使得传热恶化提前发生。在压力为 11MPa 时，壁温升高对应的焓值为 2292kJ·kg^{-1}，而在 15MPa 下这一焓值减小到 2132kJ·kg^{-1}，在 19MPa 压力下，传热恶化焓值进一步减小到 2036kJ·kg^{-1}。另一方面，传热恶化发生时的干度随压力升高而降低，压力为 11MPa、15MPa 和 19MPa 时的临界干度分别为 0.67、0.55 和 0.49。

图 5-1(b) 给出了压力对环形通道对流传热系数的影响。由图可见，在焓值小于 1400kJ·kg^{-1} 的过冷区和焓值高于 2400kJ·kg^{-1} 的过热区，压力对传热系数的影响非常小。但是在亚临界气液两相区，传热系数随压力升高明显增大。在 11MPa 时的对流传热系数为 24kW·m^{-2}·K^{-1}，而当压力升高至 19MPa 时这一数值增大为 45kW·m^{-2}·K^{-1}。造成这一现象的原因可能是在亚临界压力区，液体表面张力随压力的升高而减小，从而使得管壁表面的汽化核心数增加的缘故[121]。

相同质量流速下热流密度提高至 400kW·m^{-2} 时，压力对圆环形通道内传热特性的影响如图 5-1(c)(d) 所示。由图 5-1(c) 可见，气液两相区的壁温基本保持不变，但随着压力的提高而升高。此外，传热恶化的起始焓值随压力的升高而减小，相应的干度也随压力的升高而减小。由图 5-1(d) 可见，两相区的对流传热系数随压力升高而提高，单相过热区的传热系数基本不随压力变化而变化。

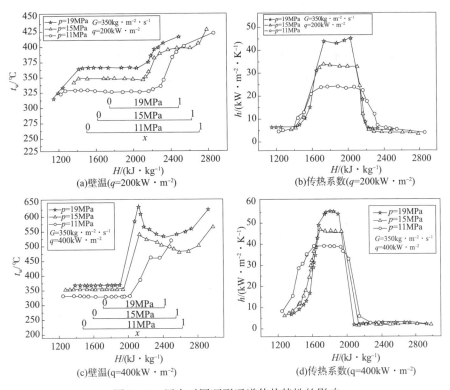

图 5 - 1 压力对圆环形通道传热特性的影响

5.1.2 质量流速的影响

图 5 - 2 给出了热流密度为 $400kW \cdot m^{-2}$，压力分别为 11MPa 和 15MPa 时质量流速对圆环形通道传热特性的影响。由图 5 - 2(a)(c) 的壁温分布可见，在特定干度下均发生了传热恶化现象，但是传热恶化在三个不同质量流速下的表现形式略有差别。一方面，随着质量流速的增加，传热恶化的起始干度随之增大，从图 5 - 2(c) 可见，质量流速从 $350kg \cdot m^{-2} \cdot s^{-1}$ 提高到 $700kg \cdot m^{-2} \cdot s^{-1}$ 和 $1000kg \cdot m^{-2} \cdot s^{-1}$ 时，发生传热恶化的干度分别为 0.33、0.36 和 0.51。另一方面，质量流速的增加降低了传热恶化发生时的壁温飞升最高值，在质量流速为 $1000kg \cdot m^{-2} \cdot s^{-1}$ 的情况下，壁温升高趋于缓和，并未发生大幅度的飞升。质量流速对传热的强化作用可以归因为质量流速的增大可以提高强制对流的湍流强度，同时也增强了主流流体带走壁面附着气泡的能力，使得壁面及时被流体冷却，从而改善了两相流体与管壁的换热。由此可见，质量流速对环形通道传热特

性的影响是十分显著的，质量流速越高，环形通道试验段壁温越低，换热效果越好。

质量流速对环形通道传热系数的影响如图 5-2(b)(d)所示。由图可见，在不同的质量流速下，传热恶化发生前的过冷区和气液两相区的传热系数大小和变化趋势基本相同。但是在传热恶化发生后，由于壁温随质量流速的提高而明显降低，使得传热系数随质量流速的增大而增大。

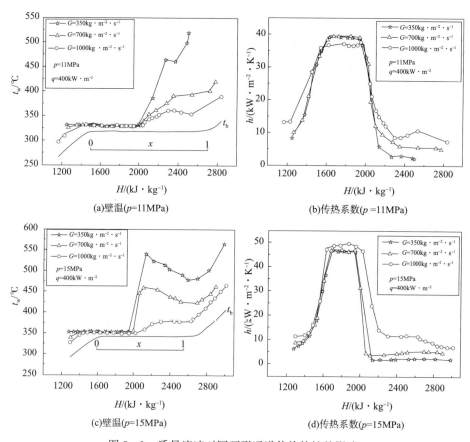

图 5-2　质量流速对圆环形通道传热特性的影响

5.1.3　热流密度的影响

图 5-3 给出了质量流速为 $1000kg \cdot m^{-2} \cdot s^{-1}$，压力为 11MPa、15MPa 下圆环形通道的壁温和传热系数在不同热流密度下的分布。由图 5-3(a)可见，在流体焓值小于 $1400kJ \cdot kg^{-1}$ 的过冷区，随着热流密度的增大，管壁温度也相应升

高。在传热恶化发生前的过冷沸腾区，不同热流密度下的管壁温度基本相同，不受热流密度的影响。传热恶化发生后的气液两相区和过热蒸汽区，热流密度越高，管壁温度也越高。从图 5-3(a) 还可以看出，随着管壁热流密度的提高，发生传热恶化的临界干度值变小，传热恶化的发生相应提前。在热流密度为 $200kW \cdot m^{-2}$ 时，壁温在干度为 0.73 时开始升高；当热流密度为 $400kW \cdot m^{-2}$ 时，传热恶化干度减小到 0.48；当热流密度进一步提高到 $600kW \cdot m^{-2}$ 后，传热恶化干度减小到 0.39。在压力为 15MPa 时，热流密度对壁温的影响更为明显。如图 5-3(c) 所示，在热流密度为 $600kW \cdot m^{-2}$ 时，壁温在干度为 0.11 时即发生了飞升，且壁温升高非常之快，由于管壁烧损使得焓值超过 $2000kJ \cdot kg^{-1}$ 后未得到试验数据。降低热流密度不但推迟了壁温飞升现象的发生，而且使其峰值降低。

热流密度对圆环形通道内传热系数的影响如图 5-3(b)(d) 所示。在流体焓值低于 $1400kJ \cdot kg^{-1}$ 的低焓值区和高于 $2400kJ \cdot kg^{-1}$ 的高焓值区，传热系数受热流密度影响很小，不同热流密度下的传热系数相差不大。在亚临界的气液两相区，不同热流密度下的传热系数保持为一对应的常数。这种现象是因为在亚临界泡状沸腾时，主流流体温度维持在相应压力下的饱和温度值，在给定的压力和热流密度条件下，壁面温度及过热度也保持不变，因此对流传热系数基本为常数。从图 5-3(b)(d) 中还可以看出，气液两相区的传热系数随热流密度的提高而增大。这是因为在过冷沸腾区，流体在流道内的换热主要依靠单相液体的对流传热，但是随着热流密度的提高，气泡状沸腾换热逐渐增强，因此传热系数随热流密度的提高而增加[122]。

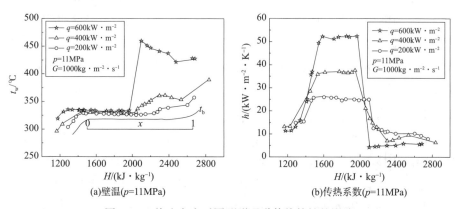

(a)壁温(p=11MPa)　　　　　(b)传热系数(p=11MPa)

图 5-3 热流密度对圆环形通道传热特性的影响

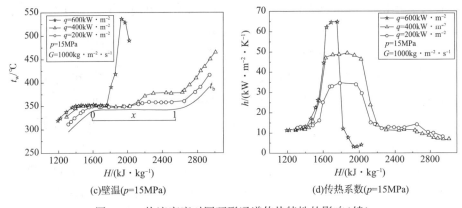

(c)壁温(p=15MPa)　　　　　　(d)传热系数(p=15MPa)

图 5-3　热流密度对圆环形通道传热特性的影响(续)

5.2　圆环形通道的传热恶化

5.2.1　传热恶化分析

传热恶化是指在给定的试验工况下，在某一焓值下管壁与流体的换热突然恶化，传热系数迅速下降，造成壁面温度突然快速升高的现象。传热恶化的本质是由于金属管壁无法得到主流液体的及时冷却，直接与换热能力差的气体接触所造成的流体与换热面之间对流换热强度急剧减弱的一种现象。在传热恶化发生时，如加热系统的热流密度是可控的，那么，其他任一系统参数(如压力、质量流速等)稍微波动就可能导致壁面温度突然升高。传热恶化造成的后果十分严重，管壁温度过高有可能造成管子烧损，威胁系统的安全运行。因此，在哪些工况下会发生传热恶化以及如何预测可能发生的传热恶化是我们所关心的重要问题。

亚临界压力下的传热恶化可以分为两类：第一类传热恶化即偏离核态沸腾(膜态沸腾)，常发生在加热壁面热流密度较高时的过冷区和低干度区。由于加热壁面的汽化核心非常密集，表面产生的气泡来不及被主流流体带走而在管壁表面形成连续的气膜，造成管壁与液体隔离，得不到液体的及时冷却从而壁温迅速升高。对于第一类传热恶化，加热壁面的热流密度起主要作用，判定该类传热恶化发生时的热流密度称为临界热流密度。第二类传热恶化即烧干，大多发生在热流密度较低时高干度下的环状流区域。此时管壁表面的液膜厚度很薄，一方面由于流道中心气流的冲击携带作用将管壁表面的液膜撕破，另一方面随着管壁加热使得液膜自身随之蒸发，这两种作用最终导致管壁表面液膜部分或全部消失，管壁直接与高温蒸汽接触，使得换热变差，壁温飞升。工质干度在第二类传热恶化中起主要作用，判定该类传热恶化发生时的干度称为临界干度。和第一类传热恶化相比，第二类传热恶化壁温变化速度相对较慢，传热恶化发生时也较为缓和。

图 5-4 给出了压力为 11MPa 和 19MPa 下圆环形通道内发生传热恶化时的壁温分布规律。由图 5-4(a) 可见，两个工况下在某一干度处均发生了第一类传热恶化，但其表现形式略有不同。质量流速为 350kg·m^{-2}·s^{-1}、热流密度为 400kW·m^{-2} 工况下传热恶化的起始干度为 0.45，壁温飞升后几乎是一直升高的；质量流速为 1000kg·m^{-2}·s^{-1}、热流密度为 600kW·m^{-2} 工况下传热恶化的起始干度为 0.40，壁温飞升至 460℃ 后逐渐降低。由此可知，虽然质量流速的提高抑制了传热恶化的发生，但热流密度的增大却促进了第一类传热恶化的发生，其作用已经超过了质量流速的影响，表现为传热恶化发生时的起始干度减小。同时，图 5-4(a) 中未观察到第二类传热恶化的发生。当压力升高至 19MPa 时，传热恶化发生时的壁温分布如图 5-4(b) 所示，从图中可以清楚地看到，压力升高后两类传热恶化均有发生。对于第一类传热恶化，质量流速为 350kg·m^{-2}·s^{-1}、热流密度为 400kW·m^{-2} 工况下传热恶化的起始干度降低为 0.15；质量流速为 1000kg·m^{-2}·s^{-1}、热流密度为 600kW·m^{-2} 工况下传热恶化的起始干度降低为 0.10。由此可以推断，压力的提高使第一类传热恶化的发生大幅度提前，发生干度大大降低。此外，在焓值高于 2400kJ·kg^{-1} 的高焓值区，壁温在经历了第一次传热恶化的飞升后逐渐降低，然后到该区域再次升高，此时对应的主流流体干度接近 1.0，传热恶化是由于液膜被蒸干所致，为第二类传热恶化。相比于第一类传热恶化，第二类传热恶化的壁温升高较为缓和。比较图 5-4(a) 和 (b) 可知，压力的提高对传热是不利的，不仅导致传热恶化的发生大大提前，而且使第一类传热恶化的壁温飞升值增大。造成这一现象的原因可能是随着压力的升高，水的汽化潜热变小，同样条件下，在近壁面边界层处产生的蒸汽量增大；另一方面，由于压力提高后汽水密度差变小，使得壁面产生的气泡不容易被主流流体带走而紧贴在加热壁面上，随着气泡的不断产生，最终在加热表面形成稳定的气膜，容易导致第一类传热恶化的发生。

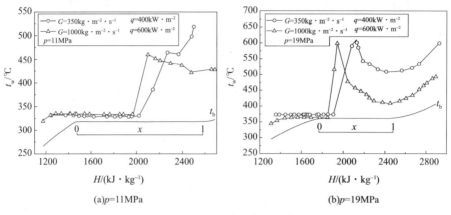

图 5 – 4　圆环形通道的传热恶化工况

5.2.2　临界热流密度和临界干度

由以上分析可知，亚临界压力区圆环形通道内的传热恶化主要与系统压力、质量流速、热流密度以及工质干度有关，并常以临界热流密度和临界干度分别作为判定第一类传热恶化和第二类传热恶化发生时的界限。临界干度的定义是在一定的试验工况下（质量流速、热流密度、压力等），逐渐增加试验段入口流体干度，当试验段某一截面的壁温发生飞升时，该截面处的流体干度即为临界干度，对应的试验段热流密度即为临界热流密度。在本试验过程中，试验段热流密度是恒定的，通过增加预热段的功率来逐步提高试验段入口流体焓值，这样带来的问题是预热段的热流密度是阶跃式增加的，使得试验段入口及各个截面的干度值也是离散的，因此试验过程中只能在某些干度下获得传热恶化的数据。

第一类传热恶化一般用临界热流密度来表示。图 5 – 5 给出了在不同的质量流速和压力下临界热流密度随干度的变化规律。由图 5 – 5(a)(b) 及(c)可以看出，在某一给定压力和质量流速下，临界热流密度随流体干度的增加而减小；此外，当压力一定时，质量流速越高，相同流体干度下的临界热流密度越大。

不同热流密度下临界干度随压力的变化趋势如图 5 – 6 所示。由图可见，在一定的质量流速和热流密度下，发生第二类传热恶化时的临界干度随压力的升高而降低；而在相同的临界干度下，压力越高则发生传热恶化时的临界热流密度越低。原因在于随着压力升高，水的汽化潜热和表面张力相应减小。前者增大了蒸汽的产生速度，从而降低了临界热流密度；后者使得气泡更容易产生，同样降低了传热恶化发生时的临界热流密度。

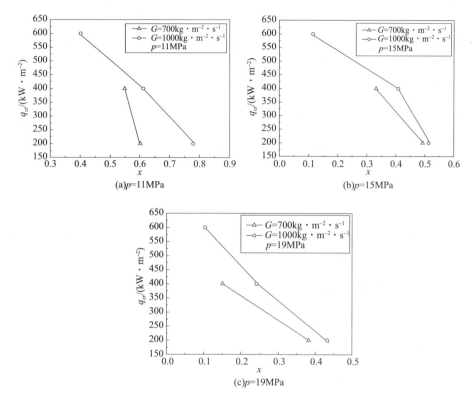

图 5-5 圆环形通道的临界热流密度

第二类传热恶化的判定常以临界干度来表示。前人的研究结果大多数是针对亚临界压力区的光管和内螺纹管，结果表明影响临界干度的因素很多，包括热流密度、压力、质量流速以及管径和流动方向等。针对圆环形通道内临界干度的研究比较欠缺，可用的试验数据和经验公式并不充分，因此，在本试验的基础上建立预报临界干度的计算公式是非常必要的。

截至目前较为成熟的临界干度计算公式

$$x_{\text{cr}} = a_1 \cdot q^{a_2} \cdot G^{a_3} \cdot e^{a_4 p} \tag{5-1}$$

用无量纲压力 p/p_{cr} 代替压力 p，即

$$x_{\text{cr}} = a_1 \cdot q^{a_2} \cdot G^{a_3} \cdot e^{a_4(p/p_{\text{cr}})} \tag{5-2}$$

式中，p_{cr} 为热力学临界点压力，$p_{\text{cr}} = 22.115 \text{MPa}$。

用试验数据拟合公式(5-2)，得到 6mm 环腔间隙试验段内的临界干度预测公式为：

$$x_{cr} = 21.30834 \cdot q^{-0.5702} \cdot G^{0.1241} \cdot e^{-2.2414(p/p_{cr})} \qquad (5-3)$$

公式(5-3)的相关系数平方 R^2 为 0.82977，与试验数据之间的平均相对误差为 5.241%。上式的使用范围是：压力 $p = 11 \sim 19MPa$，质量流速 $G = 350 \sim 1000kg \cdot m^{-2} \cdot s^{-1}$，热流密度 $q = 200 \sim 600kW \cdot m^{-2}$。拟合公式(5-3)的临界干度计算值与试验值的比较如图 5-7 所示。

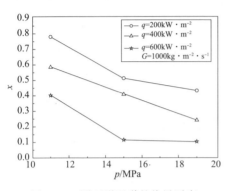

图 5-6　圆环形通道的临界干度

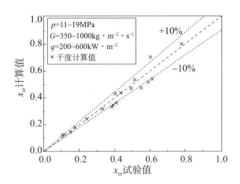

图 5-7　圆环形通道临界干度计算值与
试验值的比较

5.2.3　最小传热系数

亚临界压力区发生传热恶化后壁温飞升十分明显，但是，由于不同压力下工质的饱和温度不同，仅用壁温飞升最高值来表征传热恶化程度比较片面。壁温飞升到最高值后传热系数必然有一最小值，可用该值作为评价传热恶化程度的另一个指标，即最小传热系数。最小传热系数是指在传热管段某一截面发生壁温飞升，管壁温度达到最大值时对应的管壁与主流流体之间的对流传热系数，其表达式如式(5-4)所示：

$$h_{min} = \frac{q}{\Delta t_{w,max}} \qquad (5-4)$$

式中，h_{min} 为最小传热系数；q 为传热恶化发生时壁温飞升所对应的壁面热负荷；$\Delta t_{w,max}$ 为壁温飞升前后的差值。

图 5-8 所示为光滑圆环形通道内压力为 11MPa 和 15MPa 时，不同质量流速下的最小传热系数随热流密度的变化关系。由图 5-8(a)和(b)可见，最小传热系数随热流密度的升高而降低；当热流密度一定时，最小传热系数随质量流速的增加而增大。不同热流密度下压力对最小传热系数的影响如图 5-8(c)所示，总体来说，当热流密度和质量流速一定时，最小传热系数随压力的升高有增大的趋

势。通过比较压力对传热恶化的影响可知，虽然压力的升高使传热恶化更易发生、壁温飞升更加剧烈，但最小传热系数反而有增大的趋势，因此，在评价压力对传热恶化的影响时应同时考虑这两个方面。

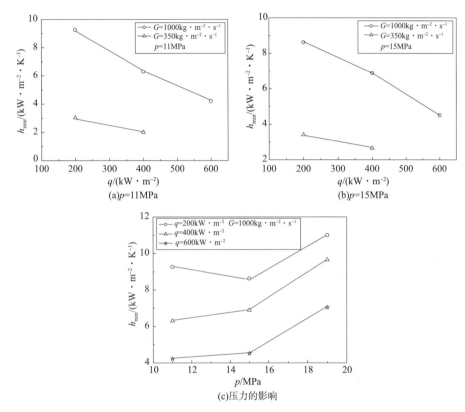

图 5 - 8　圆环形通道的最小传热系数

由于最小传热系数是由传热恶化发生时的壁温飞升值及局部热流密度计算所得出，因此，影响传热恶化发生的因素(如压力、质量流速、热流密度、干度等)都会影响到最小传热系数。通过分析各个参数对最小传热系数的影响规律，作者认为，传热恶化发生后的强制对流传热受加热壁面过热边界层的影响很大。对于光管，截至目前得到了许多计算最小传热系数的经验关系式，本章通过修正 Slaughterback[123] 的经验关系式来得出适用于圆环形通道的最小传热系数计算公式。Slaughterback 对试验数据进行回归分析，得出了如下经验关系式：

$$Nu_g = A_1 \cdot \left\{ Re_g \cdot \left[x + \frac{\rho_g}{\rho_l}(1-x) \right] \right\}^{A_2} \cdot Pr_w^{A_3} \cdot q^{A_4} \cdot \left(\frac{\lambda_g}{\lambda_{cr}} \right)^{A_5} \quad (5-5)$$

式中，Pr_w 是以壁面温度为定性温度得到的普朗特数；其他参数均以饱和温度为定性温度计算；λ_{cr} 为热力学临界点的导热系数。

在本试验中，按照式(5-5)的结构，引入压力修正项 p/p_{cr}，可按如下形式拟合圆环形通道内传热恶化后的最小传热系数：

$$Nu_g = A_1 \cdot \left\{ Re_g \cdot \left[x + \frac{\rho_g}{\rho_1}(1-x) \right] \right\}^{A_2} \cdot Pr_w^{A_3} \cdot q^{A_4} \cdot \left(\frac{\lambda_g}{\lambda_{cr}} \right)^{A_5} \cdot \left(\frac{P}{p_{cr}} \right)^{A_6} \quad (5-6)$$

用式(5-6)拟合本试验的试验数据，得到圆环形通道传热恶化后的最小传热系数预测公式为：

$$Nu_g = 0.00148 \cdot \left\{ Re_g \cdot \left[x + \frac{\rho_g}{\rho_1}(1-x) \right] \right\}^{0.43626} \cdot Pr_w^{2.89837} \cdot$$
$$q^{0.37052} \cdot \left(\frac{\lambda_g}{\lambda_{cr}} \right)^{-0.45181} \cdot \left(\frac{P}{p_{cr}} \right)^{1.1146} \quad (5-7)$$

公式(5-7)的相关系数平方 R^2 为 0.84755，与试验数据之间的平均相对误差为 12.04%。上式的使用范围是：压力 $p = 11 \sim 19\text{MPa}$，质量流速 $G = 350 \sim 1000\text{kg} \cdot \text{m}^{-2} \cdot \text{s}^{-1}$，热流密度 $q = 200 \sim 600\text{kW} \cdot \text{m}^{-2}$。拟合公式(5-7)的最小换热系数计算值与试验值的比较如图5-9所示。

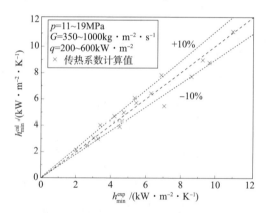

图5-9　圆环形通道最小传热系数计算值与试验值的比较

5.3　亚临界区圆环形通道传热系数公式

5.3.1　单相介质对流传热系数公式

亚临界压力区单相介质的对流传热系数经验关联式已研究多年，对光管而言，与试验数据较为吻合并得到广泛认可的传热系数公式一般具有如下形式：

$$Nu = B_1 \cdot Re^{B_2} \cdot Pr^{B_3} \qquad (5-8)$$

圆环形通道虽然从结构上与圆管不同，但二者均属于光管的范畴，因此，本章以公式(5-8)的形式拟合试验数据。通过对试验数据的拟合，得到适用于亚临界压力区的光滑圆环形通道内单相介质的对流传热系数计算公式为：

$$Nu = 0.04499 \cdot Re^{0.75198} \cdot Pr^{0.40676} \qquad (5-9)$$

公式(5-9)的相关系数平方 R^2 为 0.80892，与试验数据之间的平均相对误差为 13.8798%。上式的使用范围为：压力 $p = 11 \sim 19$ MPa，质量流速 $G = 350 \sim 1000$ kg·m^{-2}·s^{-1}，热流密度 $q = 200 \sim 600$ kW·m^{-2}，干度 $x < 0$ 或 $x > 1$。拟合公式(5-9)的努塞尔数计算值与试验值的比较如图 5-10 所示。

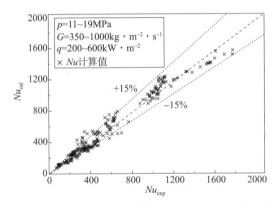

图 5-10　圆环形通道单相努塞尔数计算值与试验值的比较图

5.3.2　两相介质对流传热系数公式

对亚临界气液两相区对流传热系数的预测应用较多的是 Lockhart – Martinelli 关系式，该关系式用系数 X_{tt} 来关联试验数据，得到如下形式的关系：

$$\left(\frac{h_{tp}}{h_1}\right) = f\left(\frac{1}{X_{tt}}\right) \qquad (5-10)$$

式中，h_1 为液相部分的对流传热系数，由公式(5-9)计算得到，以饱和温度作为定性温度来计算雷诺数和普朗特数；X_{tt} 根据直管内两相流动的摩擦阻力试验数据整理得出：

$$X_{tt} = \frac{(dp_f/dz)_1}{(dp_f/dz)_g} \qquad (5-11)$$

当气液两相均为湍流时，X_{tt}表示为：

$$X_{tt} = \left(\frac{1-x}{x}\right)^{0.9}\left(\frac{\rho_g}{\rho_1}\right)^{0.5}\left(\frac{\mu_1}{\mu_g}\right)^{0.1} \tag{5-12}$$

以热量传递与动量比拟为基础上，将 Lockhart - Martinelli 参数扩展到两相区，并考虑到压力与质量流速对传热的影响，光滑圆环形通道内两相对流区的传热系数可由试验数据整理成如下形式：

$$\frac{h_{tp}}{h_1} = C_1 \cdot \frac{1}{X_{tt}^{C_2}} \cdot \left(\frac{p}{p_{cr}}\right)^{C_3} \cdot \left(\frac{G}{G_{max}}\right)^{C_4} \tag{5-13}$$

式中，p_{cr} 为热力学临界压力，$p_{cr} = 22.115\text{MPa}$；$G_{max}$ 为试验中的最大质量流速，对于本试验，$G_{max} = 1000\text{kg} \cdot \text{m}^{-2} \cdot \text{s}^{-1}$。

对 6mm 环腔试验流道，在压力为 11 ~ 19MPa、质量流速为 350 ~ 1000kg · m^{-2} · s^{-1} 的参数范围内按照式(5-13)的形式对试验数据进行拟合，可得出如下经验关系式：

$$\frac{h_{tp}}{h_1} = 2.30049 \cdot \frac{1}{X_{tt}^{-0.23468}} \cdot \left(\frac{p}{p_{cr}}\right)^{0.14273} \cdot \left(\frac{G}{G_{max}}\right)^{-0.52226} \tag{5-14}$$

拟合公式(5-14)的相关系数平方 R^2 为 0.74765，与试验数据之间的平均相对误差为 18.7181%。上式的使用范围是：压力 $p = 11 \sim 19\text{MPa}$，质量流速 $G = 350 \sim 1000\text{kg} \cdot \text{m}^{-2} \cdot \text{s}^{-1}$，热流密度 $q = 200 \sim 600\text{kW} \cdot \text{m}^{-2}$，干度 $0 < x < 1$。拟合公式(5-14)的对流传热系数计算值与试验值的比较如图 5-11 所示。

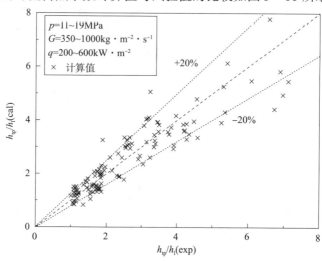

图 5-11　圆环形通道两相传热系数计算值与试验值的比较

5.4 圆环形通道的摩擦压降特性

亚临界压力区单相及气液两相的摩擦阻力特性是两相流问题中最重要的一个方面，近几十年来，许多研究者致力于用试验方法来研究两相流摩擦压降特性，得出了大量的试验成果[124-127]，通过拟合试验数据提出了很多经验关联式和计算方法，但是，迄今为止，仍然没有得出计算摩擦压降的通用计算公式。究其原因，一方面前人试验研究的管型局限于光管和内螺纹管，缺少复杂流动通道(如环管、棒束等)下有效的试验数据；另一方面，影响两相流摩擦阻力特性的因素很多，分析起来十分复杂，不容易得出能计算各种管型、全面考虑各种参数影响的计算公式。因此，本节在试验数据的基础上，给出了亚临界压力下针对圆环形通道内水的单向摩擦阻力系数和两相摩擦压降倍率，并就摩擦阻力的影响因素进行了探讨。

5.4.1 单相摩擦阻力系数

气液两相流的摩擦压降倍率定义为气液两相流的实际摩擦压降与假设全部流体为饱和液体时流过管段的摩擦压降之比。因此，为了后续分析讨论两相流摩擦阻力问题，必须首先求出单相液体的摩擦压降 Δp_{LO}。直管内的摩擦压降 Δp_{LO} 可按范宁公式[128]计算：

$$\Delta p_{LO} = f \cdot \frac{L\rho_1 u^2}{2d} = f \cdot \frac{L}{d} \cdot \frac{G^2}{2\rho_1} \tag{5-15}$$

式(5-15)中只有摩擦阻力系数 f 是未知量，根据试验数据可以求得圆环形通道内单相水的摩擦阻力系数 f 的大小。图5-12给出了垂直绝热圆环形通道内单相水的摩擦阻力系数随雷诺数的变化规律。由图可见，在本试验工况下，摩擦阻力系数已经进入平方阻力区，即自模化区。在这个区域内，由于管壁表面的粗糙

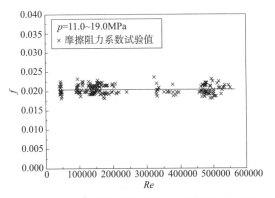

图5-12 圆环形通道内单相水的摩擦阻力系数

度超过了黏性底层的厚度，摩擦阻力系数只与相对粗糙度有关，基本上不随雷诺数的变化而变化。如图 5 - 12 所示，6mm 环腔通道内单相水的摩擦阻力系数平均值为 0.0208。

5.4.2　两相流摩擦压降

气液两相流摩擦压降的影响因素较多，如压力、质量流速、干度及流道几何形状等都会对两相流摩擦压降产生影响，截至目前，尚未得到通用的计算公式。在研究两相流摩擦压降的问题时，常用两相流摩擦压降倍率来表示，其含义是两相流摩擦压降与单相摩擦压降的比值，即：

$$\phi_{LO}^2 = \frac{\Delta p_{tp}}{\Delta p_{LO}} \tag{5-16}$$

式中，ϕ_{LO}^2 即为两相流全液相摩擦压降倍率，简称为摩擦压降倍率；Δp_{tp} 为两相流摩擦压降，由试验测量可得；Δp_{LO} 为假定管道内全部为饱和液体时的摩擦压力降，可按公式(5 - 15)近似计算得出。

图 5 - 13 给出了在不同压力和质量流速下，绝热圆环形通道内两相流摩擦压降倍率随干度的变化关系。由图可见，在压力和质量流速一定时，两相流摩擦压降倍率随着干度的增加是增大的，但在干度接近 1.0 时，摩擦压降倍率有减小的趋势。造成这种现象的原因可能是当蒸汽干度达到某一较高值后，液膜厚度随干度的增加而迅速变薄；此外，气相速度的增加将会带走更多的液滴，进一步减薄了液膜厚度；随着液膜厚度逐渐变薄，气液相界面逐渐光滑，从而降低了两相流摩擦压降倍率。

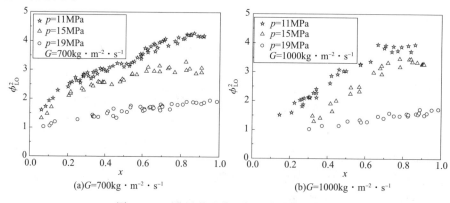

(a)G=700kg · m^{-2} · s^{-1}　　　　　(b)G=1000kg · m^{-2} · s^{-1}

图 5 - 13　圆环形通道两相流摩擦压降倍率

从图 5-13 还可以看出，系统压力对两相流摩擦压降倍率的影响很大。随着压力升高，两相流摩擦压降倍率明显减小，当压力升高到 19MPa 时，两相流摩擦压降倍率趋近于 1.0。原因在于随着压力的升高，气相和液相的差别逐渐变小，气液两相流动接近于单相流动，导致两相流摩擦压降倍率逐渐减小，并趋近于单相液体的摩擦压力降。

通过对比图 5-13(a)和(b)可以看出，相同条件下质量流速对两相流摩擦压降倍率的影响不是很明显。陈听宽[129]和田圃[130]的研究结果也证实了这一论点。

由以上分析可知，质量流速对两相流摩擦压降倍率的影响可以近似忽略，因此，两相流摩擦压降倍率的主要影响因素是系统压力和蒸汽干度，即 $\phi_{LO}^2 = f(x, p)$。对于绝热圆环形通道，两相流摩擦压降倍率可表示为如下形式[131]：

$$f(x, p) = \frac{\phi_{LO}^2 - 1}{\rho_l / \rho_g - 1} \qquad (5-17)$$

式中，ρ_l / ρ_g 体现了压力对两相流摩擦压降倍率的影响，参照 Chisholm[132] 的 B 系数法关联试验数据，认为函数 $f(x, p)$ 是蒸汽干度 x 的一元函数，则有 $\phi_{LO}^2 = f(x)$，令 $f(x) = [Bx \cdot (1-x) + x^2]$，可得两相流摩擦压降倍率的表达式为：

$$\phi_{LO}^2 = 1 + [Bx \cdot (1-x) + x^2](\rho_l / \rho_g - 1) \qquad (5-18)$$

根据垂直绝热圆环形通道内两相流摩擦阻力的试验数据，拟合上式可得：

$$\phi_{LO}^2 = 1 + [0.31271x + 0.13691x^2](\rho_l / \rho_g - 1) \qquad (5-19)$$

公式(5-19)由 382 个试验数据拟合得出，其相关系数平方 R^2 为 0.77376，与试验数据之间的平均相对误差为 17.39%。上式的使用范围是：压力 $p = 11 \sim 19MPa$，质量流速 $G = 350 \sim 1000kg \cdot m^{-2} \cdot s^{-1}$，流道为 6mm 环腔绝热圆环形通道。拟合公式(5-19)的两相流摩擦压降倍率计算值与试验值的比较如图 5-14 所示。

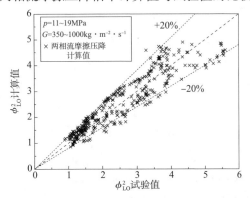

图 5-14 两相流摩擦压降倍率计算值与试验值的比较

5.5 圆环形通道亚临界与超临界的传热特性比较

前已述及，虽然针对超临界压力水的传热特性已经开展了很多理论及试验的研究工作，但是由于超临界水特有的物性变化问题，拟临界区内的传热强化及传热恶化机理尚未完全理解清楚。此外，超临界水的传热特性与流道几何结构有密切关系，前人的研究大多针对光滑圆形通道，有关环形通道内超临界水的传热研究少之又少，导致环形通道内超临界与亚临界水的传热特性对比几乎无公开发表的文献可供参考。因此，本节以试验数据为基础，对垂直上升圆环形通道内亚临界与超临界压力水的传热特性进行了分析和比较。

5.5.1 传热特性比较

图 5-15 给出了光滑圆环形通道内水在 15MPa 及 25MPa 下的壁温和传热系数变化规律。如图 5-15(a)所示，在超临界状态下，当焓值小于 1600kJ·kg^{-1} 时，环形通道管壁温度单调缓慢增加；进入拟临界区后，壁温上升幅度减小，有一段平缓过渡区，此时，在某一焓值下壁温与流体温度的温差最小，流体与管壁的传热达到最强；在焓值高于 2400kJ·kg^{-1} 后，壁温升高幅度变快，壁温与流体温度之间温差增大。由此可见，超临界压力下壁温经历了单调升高，缓慢上升和单调升高的三个阶段。在亚临界压力下，当焓值小于 1400kJ·kg^{-1} 时，壁温及其变化规律几乎与超临界压力下相同；进入气液两相区后，随着蒸汽干度的增加，管壁温度维持在高于流体温度的某一温度，直到干度增加到某一值后，壁温快速升高。这是因为在高干度区，管壁表面的液膜被蒸干，出现第二类传热恶化，在当前工况下，传热恶化对应的干度为 0.55。进入过热蒸汽区后，壁温经历一段较为平缓的变化后又开始快速升高。由此可见，亚临界压力下壁温变化基本上经历了四个阶段，其变化趋势与超临界压力下壁温变化趋势有明显的不同。

图 5-15(b)给出了亚临界与超临界压力下对流传热系数的比较。由图可见，在焓值小于 1400kJ·kg^{-1} 和大于 2600kJ·kg^{-1} 的区域，亚临界与超临界压力下的对流传热系数基本相同。但是在拟临界区域，二者差别很大。超临界压力下，在拟临界点之前的某个焓值下传热系数出现一个峰值，峰值两侧的传热系数逐渐减小。亚临界压力下，传热系数基本维持在某一常数不变，而且远大于超临界压力下的传热系数。这是因为在亚临界的气液两相区，主流流体温度维持在对应压力

下的饱和温度，在给定压力、热流密度和质量流速的条件下，管壁温度及壁面过
热度也基本保持不变，因此，传热系数也基本不变。亚临界压力区传热恶化之前
的气液两相区传热系数远高于超临界压力下的传热系数，造成这一现象的可能原
因是亚临界压力下的相变作用，以及加热壁面处由于气泡形成及脱离而带来的附
加扰流的共同作用。气泡的生长、运动和脱离不仅带走了自身的汽化潜热，而且
增加了壁面附近的湍流度，从而强化了传热。超临界压力下虽然流体物性会发生
剧烈变化，但是毕竟为单相对流传热，因此，由于物性剧烈变化所导致的传热强
化要弱于亚临界压力下的两相传热强化换热。

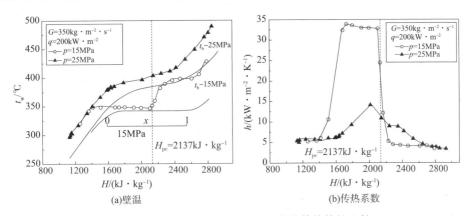

(a)壁温　　　　　　　　　　　　(b)传热系数

图 5−15　亚临界与超临界压力下水的传热特性比较

5.5.2　传热恶化比较

　　如前所述，亚临界压力下存在两种类型的传热恶化：一种是在热流密度较高
时的低干度区，加热壁面产生的气泡来不及被主流流体带走而在管壁表面形成一
层连续的气膜，导致传热恶化，壁温飞升，称之为第一类传热恶化；另一种是在
流体干度较高时，与管壁接触的液膜由于蒸汽的沉积夹带以及自身的蒸发而变得
很薄，当液膜部分或全部蒸干时，管壁表面直接与传热能力差的蒸汽接触，发生
传热恶化，壁温飞升，称之为第二类传热恶化。有研究者[133]认为，超临界压力
下的传热恶化也可以分为两种类型：一类发生在管段入口处，无特定的发生焓
值，该类传热恶化可能与入口段的边界层发展有关；另一类是热流密度较高时，
流体温度接近拟临界温度时发生的传热恶化，该类传热恶化并没有固定的起始
位置。

　　图 5−16 给出了亚临界与超临界压力下发生传热恶化时的壁温比较。由图可

见，在超临界压力下，当熔值达到 1600kJ·kg^{-1} 时壁温升高幅度开始变大，在熔值等于 1900kJ·kg^{-1} 时壁温升高达到峰值 550℃，随后随着主流流体熔值的增加，壁温逐渐降低，在流体熔值高于 2400kJ·kg^{-1} 后壁温再次飞升。在亚临界压力下，管壁温度在干度为 0.10 时就发生了飞升现象，而且壁温飞升非常之快，在一个很短的熔值变化范围内突然升至最高后又逐渐降低，此时为第一类传热恶化。当干度接近 1.0 左右后，壁温再次升高，发生了第二类传热恶化。如图 5-16 所示，亚临界与超临界压力下的传热恶化既有相似之处，又有明显的区别。首先，亚临界与超临界压力下的传热恶化都经历了两次壁温升高过程，亚临界下分别发生了第一类和第二类传热恶化，虽然超临界压力下流体一直为单相状态，但是同样经历了两次恶化。其次，两个压力区发生第一次传热恶化时壁温峰值所对应的熔值基本相同，此后壁温开始降低，第二次传热恶化壁温开始升高时的熔值也基本相同。因此，虽然亚临界与超临界压力下的传热机理不同，但传热恶化时二者可能得到相似的理论解释。此外，两个压力区的传热恶化也有两个明显不同。首先，超临界区壁温的整体水平要比亚临界区高很多；其次，超临界压力下发生第一次传热恶化时的壁温升高比较缓慢，而相同熔值下亚临界区传热恶化发生时的壁温飞升较为剧烈。

综上所述，虽然亚临界区与超临界区的传热机理不尽相同，导致发生传热恶化时的壁温变化规律差异较大，但是亚临界与超临界压力下的传热恶化也有许多相似之处，其传热机理值得进一步深入研究，将这两个压力区的传热恶化规律进行比较分析，有助于我们更好地认识和理解传热恶化现象的本质。

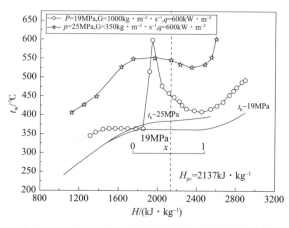

图 5-16　亚临界与超临界压力下传热恶化的比较

5.6　小结

本章研究了环缝间隙为6mm的光滑圆环形通道内亚临界压力区水的传热及流动特性，通过对试验数据的分析，可得出以下结论：

(1)随着压力的提高，水的饱和温度相应升高，气液两相区环形通道加热壁面的壁温随之升高。此外，在单相欠热区及过热蒸汽区，压力对传热系数的影响很小；在气液两相区，压力越高，对流传热系数越大。提高质量流速可以明显影响环形通道的传热特性，随着质量流速的增大，壁温飞升的蒸汽干度也随之增大，壁温飞升值相应降低。质量流速对环形通道的对流传热系数影响很小，仅在壁温飞升后传热系数才表现出略微的差异。提高热流密度不但使传热恶化的发生提前，而且将会使壁温飞升峰值明显增大。热流密度对传热系数的影响主要体现在两相区，随着热流密度的提高，两相区的对流传热系数也随之升高。

(2)亚临界压力区的传热恶化可区分为两种类型，即偏离核态沸腾(DNB)与烧干(Dry out)。前者发生在较低干度下，原因是加热壁面被气膜所覆盖，后者发生在较高干度下，是由于贴近壁面的液膜被蒸干所引起。本试验中，压力的升高明显加速了传热恶化的发生，使得临界干度大幅度减小，壁温飞升峰值增加。随着质量流速的增大或热流密度的减小，传热恶化趋于缓和。发生第一类传热恶化时的临界热流密度随蒸汽干度的增加而降低，在干度一定时，随质量流速的增加而增加。判定第二类传热恶化的临界干度随压力的增加而明显减小。传热恶化发生后的壁温飞升必然导致传热系数有一最小值，最小传热系数随热流密度的提高而降低，但是，随质量流速和压力的升高，最小传热系数将会增大。

(3)本章还研究了亚临界压力下环形通道内单相及气液两相流的摩擦压降。影响两相流摩擦压降倍率的因素很多，随着系统压力的升高，两相流摩擦压降倍率明显减小，并趋于单相流体的摩擦压降。在给定工况下，两相流摩擦压降倍率随蒸汽干度的增加而增大，但在干度接近于1.0时有下降的趋势。质量流速对两相流摩擦压降倍率的影响并不明显。本章根据试验数据拟合了临界干度和最小传热系数的计算公式，还得到了亚临界压力区环形通道内单相及两相对流传热系数的经验计算式及针对圆环形通道内两相流摩擦压降倍率的计算公式。

(4)圆环形通道内亚临界与超临界压力区水的传热特性有所不同。超临界压力下壁温变化主要经历了三个阶段，而且总体壁温要高于亚临界区的壁温水平，而在亚临界区壁温变化明显经历了四个阶段。在低焓值区和高焓值区，亚临界与超临界压力下的对流传热系数基本相同。在拟临界区，超临界压力下的传热系数存在一个峰值，亚临界压力下两相区的传热系数基本维持在某一常数，而且该值远高于相同焓值下超临界压力区的传热系数。亚临界与超临界压力下都发生了两次传热恶化，这两次传热恶化既有类似的地方，又有明显的区别，为了弄清传热恶化的本质，对其传热机理还需进行更为深入的研究。

6 圆环形流道内超临界压力水流动与传热的数值模拟

前已述及，超临界压力下流体的流动与传热有其独特的方面，特别是在拟临界点附近，流体物性的剧烈变化使其表现出异常的传热现象。已有的研究结果表明，在拟临界区当流体温度低于拟临界温度而壁面温度高于拟临界温度时，在热流密度相对较低的情况下会发生传热强化，传热系数增大而壁温基本保持不变，随着热流密度的升高，传热强化的程度不断减弱，最终则会发生传热恶化，热流密度越高，传热恶化的程度越严重。截至目前，对超临界压力下高温流体的流动与传热进行可视化研究存在一定困难，直接观测的方法暂不可行，对于超临界流体异常传热的机理解释也存在一定的分歧，大部分试验研究仅关注壁温与传热系数，而对可以解释传热过程的物理量，如流体的速度与温度分布等还无法直接测量。因此，要进一步了解超临界传热的机理，应用数值模拟的方法来研究超临界流体的流动与传热具有非常重要的现实意义。

随着 CFD 计算理论的不断完善以及计算机软硬件的日益发展，应用数值计算的方法研究超临界压力下复杂的流动及传热现象逐渐被越来越多的研究者所采用。截至目前，以超临界水冷堆为背景的数值分析研究已经成为一个研究热点，本章采用商用 CFD 软件 Fluent 6.3.26 对超临界压力下的变物性流动与传热进行了深入研究；同时采用 RNG $k-\varepsilon$ 湍流模型研究了超临界水在环形通道内的流动与传热规律，并与试验结果进行了对比分析。

6.1 湍流模型及计算方法

6.1.1 湍流模型

湍流是一种强烈扰动的非稳态流动，理论上可以通过求解三维非稳态的黏性流体运动方程($N-S$ 方程)来获得其真实解。截至目前，计算湍流流动与传热的方法可以分为三类：直接模拟（DNS）、大涡模拟（LES）及雷诺时均方程模拟（RANS）。湍流出现在速度波动的地方，这种波动使得流体介质之间相互交换动量和能量。由于这种波动是小尺度且是高频率的，所以，在实际计算中直接模拟对计算机的要求非常高。大涡模拟来源于湍流的涡旋学说，该学说认为，湍流的混合与脉动作用主要是由大尺度涡造成的，大涡模拟对计算机运算速度和内存的要求仍然非常高。实际上瞬时控制方程可能在时间上、空间上是均匀的，或者可以人为地改变尺度，这样修改后的方程可以耗费较少的计算时间。雷诺时均模拟在 $N-S$ 方程的基础上，引入了速度和压力修正假设，从而得到雷诺时均方程。在惯性系坐标下，$N-S$ 方程可以表示为：

$$\frac{\partial(\rho u_i)}{\partial t} + \frac{\partial}{\partial x_j}(\rho u_i u_j) = -\frac{\partial p}{\partial x_i} + \frac{\partial \tau_{ij}}{\partial x_j} + \frac{\partial}{\partial x_j}(-\rho \overline{u_i' u_j'}) + \rho g_i + F_i \qquad (6-1)$$

式中　　$(\rho \overline{u_i' u_j'})$——雷诺应力；

　　　　τ_{ij}——分子黏性应力。

$$\tau_{ij} = \left[\mu \left(\frac{\partial u_i}{\partial x_j} + \frac{\partial u_j}{\partial x_i} \right) \right] - \frac{2}{3} \mu \delta_{ij} div V \qquad (6-2)$$

雷诺时均方程的湍流模型又可进一步细分为雷诺应力湍流模型（RSM）和湍流黏性模型。前者通过求解输运方程得到雷诺应力项，从而使方程组封闭，缺点是计算量相对较大；后者通过 Boussinesq 假设引入湍流黏性系数，将雷诺应力项表示成湍流黏性系数的函数，计算的关键也在于确定湍流黏性系数。根据湍流黏性系数微分方程数，又分为零方程、一方程和两方程湍流模型。

湍流流动与传热数值模拟的最大困难在于超临界压力下的湍流模型，虽然有诸多湍流模型可供选取，但并没有一个湍流模型对于所有的问题均适用。在较早的数值分析中，Shiralkar[134] 应用简单的代数方程来计算湍流黏度，虽然精度不高，但是这些早期工作为研究传热机理提供了大量信息。随着计算机硬件的发展以及商业软件的完善，更精确的湍流模型被越来越多的研究者使用。某些研究者[81,82] 应用低雷诺数模型来模拟超临界流体的流动与传热，计算结果与试验研究符合较好。Kim[135] 比较了 Fluent 中 10 种一阶格式的湍流模型，结果表明，RNG $k-\varepsilon$ 湍流模型配合增强型壁面函数对预测超临界水的流动与传热最为精确。本章采用 RNG $k-\varepsilon$ 两方程模型来模拟超临界水的流动与传热，其连续性方程、能量方程、雷诺时均方程、耗散率 ε 及湍流脉动动能 k 可表示为同一张量形式：

$$\frac{\partial(\rho\phi)}{\partial t} + \frac{\partial}{\partial x_j}(\rho u_j \phi) = \frac{\partial}{\partial x_j}\left(D_\phi \frac{\partial \phi}{\partial x_j}\right) + S_\phi \qquad (6-3)$$

在公式(6-3)中,ϕ 为上述五个物理量;D_ϕ 与 S_ϕ 分别为扩散系数及源项。μ_t 为湍流黏性系数。各项的表达式如表6-1所示。

表6-1 控制方程表达式列表

方程	ϕ	D_ϕ	S_ϕ
连续性方程	1	0	0
能量方程	T	$\mu/Pr + \mu_t/\sigma_T$	0
雷诺时均方程	u	$\mu + \mu_t$	$-\partial p/\partial x_i + \partial[(\mu+\mu_t)(\partial u_j/\partial x_i)]/\partial x_j$
耗散率方程	ε	$\mu + \mu_t/\sigma_\varepsilon$	$(\varepsilon/k)(c_1 G_k - c_2 \rho\varepsilon)$
湍动能方程	k	$\mu + \mu_t/\sigma_k$	$G_k - \rho\varepsilon$

表中,G_k 为湍流脉动动能产生项。

$$G_k = \mu_t \frac{\partial u_i}{\partial x_j}\left(\frac{\partial u_i}{\partial u_j} + \frac{\partial u_j}{\partial x_i}\right) \qquad (6-4)$$

$$\mu_t = c_\mu \rho k^2 / \varepsilon \qquad (6-5)$$

RNG $k-\varepsilon$ 湍流模型是 Yakhot 和 Orszag[136] 以统计学中的概率分析及量子物理学中的能谱分析为基础,采用重整化群的方法推导得出。该模型从本质上避免了传统模型对经验框架的过多依赖,基本上完全由理论推导得出,并未参考任何经验关系式,但其得到的计算参数却与试验结果吻合较好。因此,RNG $k-\varepsilon$ 湍流模型在国内与国际数值计算领域被很多研究者所采用。RNG $k-\varepsilon$ 湍流模型中的常数项如表6-2所示。

表6-2 RNG $k-\varepsilon$ 模型的常数项

c_μ	$c_{\varepsilon 1}$	$c_{\varepsilon 2}$	σ_k	σ_ε
0.085	1.42	1.68	0.7179	0.7179

6.1.2 数值计算方法

RNG $k-\varepsilon$ 模型的控制方程可表示如下:

质量守恒:

$$\partial(\rho u_i)/\partial x_i = 0 \qquad (6-6)$$

· 111 ·

动量守恒：

$$\frac{\partial}{\partial x_j}(\rho u_i u_j) = \frac{\partial}{\partial x_j}\left[\mu_{\text{eff}}\left(\frac{\partial u_i}{\partial x_j} + \frac{\partial u_j}{\partial x_i}\right) - \frac{2}{3}\mu_{\text{eff}}\frac{\partial u_k}{\partial x_k}\right] - \frac{\partial p}{\partial x_i} + \rho g_i \qquad (6-7)$$

能量守恒：

$$\frac{\partial}{\partial x_j}(\rho u_i c_p T) = \frac{\partial}{\partial x_j}\left[\alpha_T\left(\frac{\partial T}{\partial x_i}\right)\right] + \frac{\partial u_i}{\partial x_j}\left[\mu_{\text{eff}}\left(\frac{\partial u_i}{\partial x_j} + \frac{\partial u_j}{\partial x_i}\right) - \frac{2}{3}\mu_{\text{eff}}\frac{\partial u_k}{\partial x_k}\delta_{ij}\right] \quad (6-8)$$

湍动能：

$$\partial(\rho k)/\partial t + \partial(\rho k u_i)/\partial x_j = \partial(\alpha_k \mu_{\text{eff}} \partial k/\partial x_j)/\partial x_j + G_k + G_b - \rho \varepsilon \qquad (6-9)$$

式中，G_b 为修正浮升力对湍动能的影响，定义为：

$$G_b = -g_i \frac{1}{\rho} \frac{\mu_t}{Pr_t} \frac{\partial T}{\partial x_i}\left(\frac{\partial \rho}{\partial T}\right)_p \qquad (6-10)$$

G_k 为平均速度梯度产生的湍动能，定义为：

$$G_k = \mu_t S^2 \qquad (6-11)$$

式中

$$S = \sqrt{2 S_{ij} S_{ij}} \qquad (6-12)$$

$$S_{ij} = \left[(\partial u_i/\partial x_j) + (\partial u_j/\partial x_i)\right]/2 \qquad (6-13)$$

湍动能耗散率可表示为：

$$\partial(\rho \varepsilon)/\partial t + \partial(\rho \varepsilon u_i)/\partial x_j =$$

$$\partial(\alpha_\varepsilon \mu_{\text{eff}} \partial \varepsilon/\partial x_j)/\partial x_j + C_{1\varepsilon}\frac{\varepsilon}{k}(G_k + C_{3\varepsilon}G_b) - C_{2\varepsilon}\rho \frac{\varepsilon^2}{k} - R_\varepsilon \qquad (6-14)$$

有效黏度的计算公式为：

$$\mu_{\text{eff}} = \mu_{\text{mol}}\left(1 + \sqrt{\frac{C_\mu}{\mu_{\text{mol}}}\frac{k}{\sqrt{\varepsilon}}}\right)^2 \qquad (6-15)$$

系数 ∂_T、∂_k 和 ∂_ε 为 T、k 和 ε 的反作用 Pr，通过下式计算：

$$\left|\frac{\alpha - 1.3929}{\alpha_0 - 1.3929}\right|^{0.6321}\left|\frac{\alpha + 2.3929}{\alpha_0 + 2.3929}\right|^{0.3679} = \frac{\mu_{\text{mol}}}{\mu_{\text{eff}}} \qquad (6-16)$$

其中计算 ∂_T、∂_k 和 ∂_ε 时，α_0 分别为 $1/Pr$、1.0 和 1.0。

$$R_\varepsilon 通过下式计算：R_\varepsilon = \frac{C_\mu \rho \eta^3 (1 - \eta/\eta_0)}{1 + \beta \eta^3}\frac{\varepsilon^2}{k} \qquad (6-17)$$

其中 $\eta = Sk/\varepsilon$，$\eta_0 = 4.38$，$\beta = 0.012$，常数 C_μ、$C_{1\varepsilon}$ 和 $C_{2\varepsilon}$ 分别为 0.085、1.42 和 1.68。

6.1.3 湍流模型的验证

为了验证所选湍流模型的精度，本节计算了超临界压力水在均匀加热的垂直上升光管内的传热特性，并与前人的试验数据进行了比较。计算采用基于控制容积法的 CFD 软件 Fluent 6.3.26，采用同位网格，所需求解量等参数均位于控制容积的中心，控制容积截面的参数采用二阶迎风差分格式进行离散。对流项采用二阶迎风离散，应用 SIMPLE 算法求解压力场。计算过程中通过逐次加密网格得到近似的网格独立解。近壁面采用增强型壁面函数处理方法，第一层网格的无量纲距离 y^+ 在 0.1~1 之间。

将三种常用的 $k-\varepsilon$ 湍流模型，即 Standard $k-\varepsilon$ 湍流模型、RNG $k-\varepsilon$ 湍流模型及 Realizable $k-\varepsilon$ 湍流模型预测超临界水传热特性的结果与 Yamagata 等人[68]的试验数据进行了对比，比较结果如图 6-1 所示。由图 6-1 可见，三种湍流模型在低焓值区和高焓值区具有相似的预测结果，但是在拟临界温度点附近，RNG $k-\varepsilon$ 湍流模型与 Yamagata 试验数据更为接近，因此，本章选取 RNG $k-\varepsilon$ 湍流模型与增强型壁面函数来模拟超临界水的传热问题。

图 6-2 给出了计算结果与 Swenson[63] 试验数据的对比。由图可知，计算得出的最大传热系数均在相应压力下的拟临界点附近，与试验结果符合较好。图 6-2 给出了压力对传热系数的影响，在压力为 31MPa 时，计算传热系数与Swenson 试验数据吻合很好。在压力非常接近临界压力点时，拟临界区预测的传热系数比试验数据高 8% 左右。原因可能是随着压力接近临界压力，超临界水物性变化的剧烈程度明显增加，而 RNG $k-\varepsilon$ 湍流模型对如此剧烈变化的物性无法完全模拟。综上可知，RNG $k-\varepsilon$ 湍流模型配合增强型壁面函数可以在很高的精度范围内预测超临界水的传热特性，即使在拟临界区其预测结果也相对较为准确。

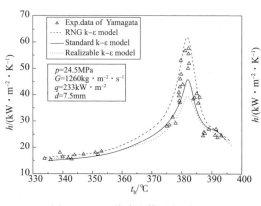

图 6-1　三种湍流模型的对比

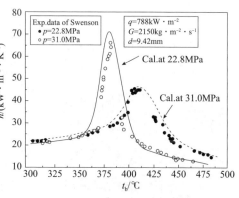

图 6-2　计算结果与 Swenson
试验数据的对比

6.2 环形通道内超临界水流动与传热的数值模拟

6.2.1 物理模型及网格划分

环形通道内超临界压力水的试验可区分为带有扰流结构及没有扰流结构两种类型。在 4mm和 6mm 环腔间隙试验中，扰流结构为一系列陶瓷棒组成的螺旋绕丝。在本节数值计算部分，试验中的螺旋绕丝近似处理为贴近壁面连续的螺旋线，计算模型如图 6-3 所示。环形通道长度为1400mm，入口为恒定质量流速，出口为压力边界条件，加热壁面为恒定热流密度，外壁面为绝热条件。

增强型壁面函数对近壁面第一层网格的无量纲距离 y^+ 有较为严格的限定，因此在边界层网格划分时，保证在最大雷诺数时第一层网格到壁面的无量纲距离 y^+ 小于 1.0。计算中取 15 层边界层，沿半径方向的网格间距从壁面到环腔中心

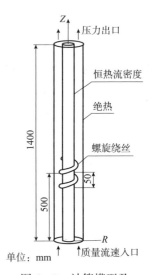

图 6-3　计算模型及边界条件

以 1.2 的倍数增加。网格独立性检查在 326200 到 145800 的网格数内进行，通过逐次加密网格的方法近似获得网格独立解。采用 Gambit 2.3 进行建模，螺旋绕丝的局部位置需要特别加密，以获得较高的网格质量。螺旋绕丝及环腔截面的网格划分如图 6-4 和图 6-5 所示。

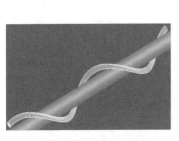

图 6-4　螺旋绕丝示意图

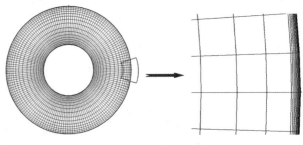

图 6-5　环腔截面网格划分及边界层示意图

6.2.2 超临界压力下物性变化对流动及传热的影响

本节主要研究在23MPa下，超临界压力水物性的变化对环形通道内流动与传热的影响。随着压力越接近临界压力，超临界水在拟临界点附近的物性变化越剧烈，对流动和传热的影响也越明显。计算结果后处理采用无量纲温度 θ 表征温度沿径向的变化，定义为：

$$\theta = (t_b - t_{in})/(t_w - t_{in}) \qquad (6-18)$$

图6-6给出了在质量流速为700kg·m^{-2}·s^{-1}、热流密度为600kW·m^{-2}及入口温度为330℃的条件下，沿环形通道流动方向不同位置的径向温度分布。由图可见，变物性条件下流道截面径向温度分布与常物性区别较大。当流体物性为常数时，从 $x/D = 0.6$ 到 $x/D = 1.0$ 的大部分径向位置，流体温度基本相同，而在贴近加热壁面处温度变化非常剧烈。在变物性条件下，截面处流体径向温度变化较平滑，随着流体沿环腔的流动，离入口越远的位置其径向温度变化越平滑。

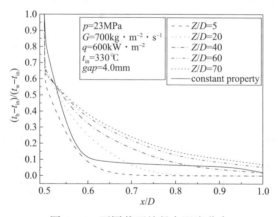

图6-6 不同截面处径向温度分布

图6-7给出了在质量流速为700kg·m^{-2}·s^{-1}、热流密度为600kW·m^{-2}及入口温度分别为330℃和380℃的条件下，沿环形通道流动方向不同截面处的径向速度分布。由图6-7可见，在常物性条件下，流体速度分布在不同截面处并未发生变化，主要原因是在恒定入口质量流速的条件下，当流体密度保持为常数时，流速相应也不会改变。在变物性条件下，沿流动方向流体温度逐渐升高，密度逐渐变小，则流速会相应增加。例如，在入口水温为330℃时，变物性条件下环腔中心的最大流速约为常物性的1.5倍，而当入口水温升高至380℃时，这一比值增加为4.6，而且越远离入水口的位置环腔中心流速越高。

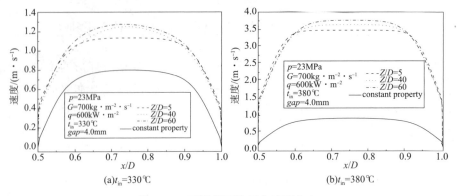

(a)t_{in}=330℃   (b)t_{in}=380℃

图6-7　不同截面处径向速度分布

6.2.3　计算结果与试验数据的对比

图6-8给出了在压力为25MPa、热流密度为600kW·m^{-2}时，不同质量流速下6mm环腔间隙试验段中计算结果与试验数据的比较。由图可知，当质量流速较高时(1000kg·m^{-2}·s^{-1})，计算结果在整个焓值区与试验数据非常吻合，仅在拟临界点附近，数值计算的壁温略低于试验数据，相应的对流传热系数略高于试验数据。当质量流速为700kg·m^{-2}·s^{-1}时，在中低焓值区的计算结果与试验数据仍符合较好，但在高焓值区则有一定的偏差。当质量流速进一步减小时(350kg·m^{-2}·s^{-1})，数值计算得出的壁温和传热系数在变化趋势上与试验数据相吻合，但在定量比较上存在一定的偏差。造成这种现象的原因可能是，在一定的壁面热流密度条件下，随着质量流速的降低，由浮升力引起的自然对流作用随之增强，导致径向截面出现二次流，而数值计算无法精确模拟这种真实情况，从而与试验数据存在一定的偏离。

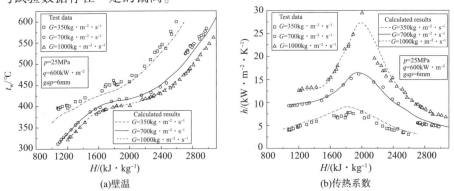

(a)壁温   (b)传热系数

图6-8　计算结果与试验数据的对比(6mm环腔间隙)

图 6-9 给出了在压力为 23MPa、质量流速为 1000kg·m^{-2}·s^{-1}时，不同热流密度条件下 4mm 环腔间隙试验段中计算结果与试验数据的比较。由图可见，热流密度小于 600kW·m^{-2}时，在低焓值区和高焓值区计算结果与试验数据符合较好，而在拟临界点附近则偏差比较明显。造成这种现象的原因一方面是由于在拟临界点附近流体物性的剧烈变化给数值模拟带来了很大困难；另一方面，4mm 环腔间隙试验段的流量较小，拟临界区的物性巨变使得试验工况很难长时间维持在稳定工况下，因此在拟临界点附近的试验数据本身也存在一定的不确定度。在热流密度为 1000kW·m^{-2}时，数值模拟与试验数据符合较好，但计算得出的壁温在拟临界区之前存在一个突跃的峰值，而试验结果并没有出现这种情况，这一点还需进一步深入研究。

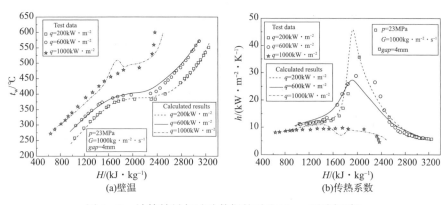

图 6-9　计算结果与试验数据的对比(4mm 环腔间隙)

6.2.4　螺旋绕丝对传热特性的影响

图 6-10 给出了 6mm 环腔间隙试验段第一截面测点处(ms-1)有无螺旋绕丝结构时的壁温及传热系数的对比。由图可知，对有无螺旋绕丝结构的两种情况，数值计算预测的壁温和传热系数与试验数据吻合较好，特别是在高焓值区。在拟临界点附近，计算得出的传热系数略低于试验数据。此外，从图中还可以看出，螺旋绕丝具有很好的局部强化传热作用，有螺旋绕丝时的当地壁温比没有螺旋绕丝时低 16℃左右，相应的对流传热系数也明显较高。

为了弄清螺旋绕丝的强化传热机理，数值计算给出了入口流体温度为 340℃时螺旋绕丝下游 20mm(z=570mm)处物性参数沿径向的变化规律，其中压力为 25MPa、质量流速为 1000kg·m^{-2}·s^{-1}、热流密度为 600kW·m^{-2}。图 6-11 给

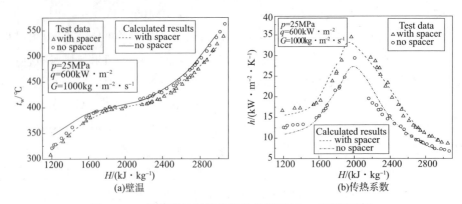

图 6-10　螺旋绕丝对传热特性的影响(6mm 环腔间隙)

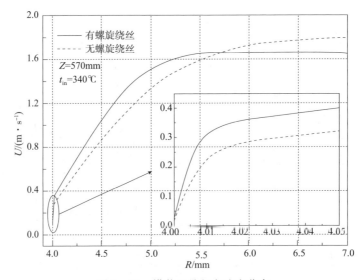

图 6-11　横截面处径向速度分布

出了径向速度分布,有绕丝结构时,近壁面速度的增加幅度要高于没有绕丝结构的速度增加幅度,并且会在某一较短的距离内增加到主流流速。造成这一现象的原因可能是由于绕丝的存在导致流通面积减小,局部流速增大。螺旋绕丝局部位置的速度分布如图 6-12 和图 6-13 所示。

螺旋绕丝下游湍动能沿流动方向的变化如图 6-14 所示。由图可知,从螺旋绕丝末端开始,截面的平均湍动能突然增加,在较短的距离内达到一个峰值,此后,沿着流动方向逐渐减小。由此可知,流场在绕丝附近存在着强烈的旋流和扰动,增加了湍流强度。此外,螺旋绕丝对湍流强度的强化作用受质量流速的影响非常明

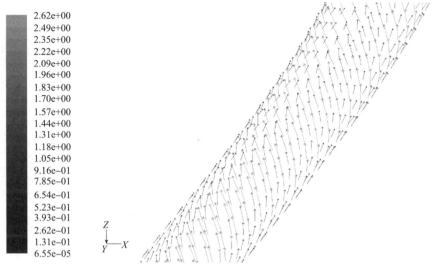

图 6 – 12　螺旋绕丝处局部速度分布

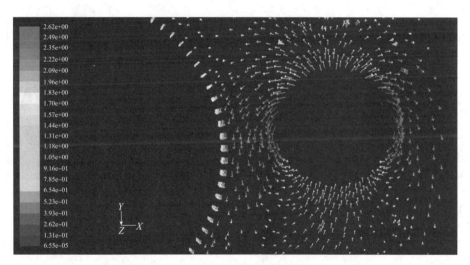

图 6 – 13　螺旋绕丝横截面局部速度分布

显,质量流速越大,湍动能的峰值越高,并且对螺旋绕丝下游的影响区域越长。

综上所述,螺旋绕丝局部位置流速的增加以及湍流强度的增大强化了超临界水的换热,使得壁面温度维持在较低水平。图 6 – 15 给出了径向温度分布,有绕丝结构时,边界层温度要比无绕丝结构低 5℃左右,说明螺旋绕丝的强化作用比较明显。数值计算得出的绕丝位置处壁面温度分布如图 6 – 16 所示,由图可知,在紧贴螺旋绕丝的加热表面,其壁温明显低于螺旋绕丝背离壁面处的壁温。

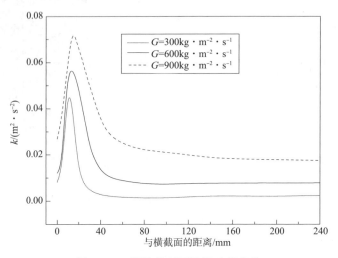

图 6-14　螺旋绕丝下游湍动能变化

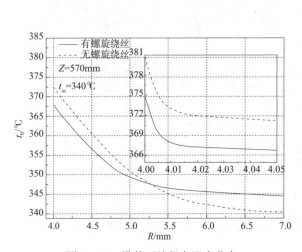

图 6-15　横截面处径向温度分布

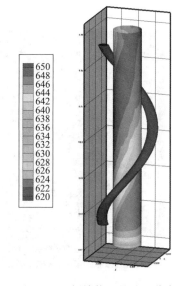

图 6-16　螺旋绕丝处壁温分布

图 6-17 和图 6-18 给出了径向密度和导热系数分布。如图 6-17 所示，没有绕丝结构时，径向密度从 413kg/m³ 增加到 660kg/m³，在径向形成了 247kg/m³ 的密度差。因而，由密度梯度导致的自然对流可能带来强烈的浮升力作用，从而不利于传热。有螺旋绕丝时，径向密度差仅为 129kg/m³，与无螺旋绕丝的试验段相比能够明显减弱浮升力的作用，从而强化传热。此外，图 6-18 的导热系数

沿径向分布曲线表明，有绕丝结构的试验段在近壁面处流体导热系数更高，因而其在近壁面处边界层内的导热热阻更小，与无绕丝结构的试验段相比，其换热效果更好。

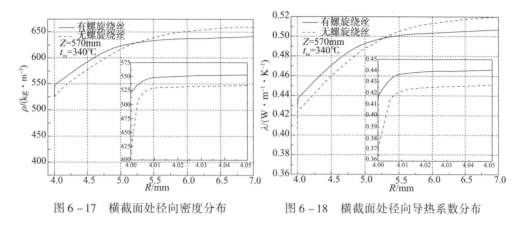

图 6-17　横截面处径向密度分布　　　图 6-18　横截面处径向导热系数分布

6.3　小结

本章采用数值计算的方法研究了超临界压力水在圆环形通道内的流动与传热特性，并与试验结果进行了对比，主要结论如下：

（1）RNG $k-\varepsilon$ 湍流模型与增强型壁面函数能够很好地预测超临界压力水的流动及传热特性。应用这种湍流模型与近壁面处理方法所得出的计算结果与 Yamagata 和 Swenson 的试验数据吻合较好。

（2）超临界压力下水的物性变化对流动和传热影响很大。在常物性条件下，环形通道内主流温度与边界层温度的温差较大，而在变物性条件下，沿流动方向距离入口越远的位置，径向温度变化越平缓。常物性时沿某一截面速度分布保持不变，当物性发生变化时，随着流体温度的升高，密度将会逐渐减小，在入口质量流速恒定的条件下，主流流速将会越来越大。

（3）本章计算结果与圆环形通道内超临界水的试验数据在整体上吻合较好，但在质量流速较低或热流密度较高时，二者存在一定的偏差。究其原因可能是 RNG $k-\varepsilon$ 湍流模型虽然可以预测超临界水在大部分焓值区的流动与传热特性，但在拟临界区物性的剧烈变化还是给数值计算带来了一定困难，需进一步深入研究。

（4）螺旋绕丝结构可明显降低当地壁温，具有良好的强化传热作用。在绕丝位置处流通截面积的减小使得流体流速突然增加，加之绕丝的强烈旋流和扰动作用，明显强化了超临界水在绕丝局部的传热。同时，由于径向温度梯度减小，密度差减小，自然对流作用也相应减弱。有绕丝结构的试验段在近壁面处流体导热系数更高，改善了加热面与边界层流体的热传导，也有利于使传热得到强化。

7 展　　望

　　超临界水冷堆(SCWR)是 GIF(第四代核能系统国际论坛)在经过广泛的设计概念征集和比较论证后，所选定的第四代核能系统的 6 种概念堆型之一，也是这 6 种代表未来核能系统发展趋势的第 4 代堆型中唯一的水冷堆。并且，我国近期的核能发展规划均是侧重于压水堆技术，考虑到技术的继承性和可持续发展的要求，开发和研制超临界水冷堆是必然的选择。从热工水力角度考虑，超临界水冷堆面临若干技术难点，如堆芯内冷却剂流道极为复杂、在拟临界区流体热物性的剧烈变化以及较高的热流密度等特点会引发一系列燃料元件冷却、流动与传热及核热耦合等方面的新问题。针对我国发展新一代核电技术的需要，本书以超临界水冷堆概念设计中拟采用的燃料元件棒为研究对象，系统地开展了三种不同间隙尺寸的圆环形通道内以水为工质的流动和传热研究，所获研究成果对超临界水冷堆的设计具有重要的参考价值。

　　本书的研究工作是以超临界水冷堆堆芯燃料组件的一根燃料元件棒为研究对象，系统地研究了流动与传热的宏观物理现象，并解决了高温高压工况条件下小尺寸试验通道中的试验技术难点，例如，绝缘密封、壁温测量以及环形通道内管加热所引起的内外管膨胀量不匹配所造成的环形通道几何结构改变等一系列问题。下一步的工作中，将以超临界水冷堆概念堆型的燃料元件组件为研究对象，针对不同的燃料元件棒束排列方式及所形成的各种子通道形状和间距，以试验手段模拟棒束间流动通道，获得基于超临界水冷堆堆芯内棒束间的传热与流动特性，得到具有一般性的棒束间非圆通道内超临界压力水的流动和传热预测模型，为发展我国新一代核能系统提供理论依据和技术支持。

附录 A　试验结果的不确定度分析

误差是指一个物理量的真值和测量值之差，理论上只有在真值和测量值二者都已知的情况下才可以求得具体数值。实际上真值始终是无法准确获得的，因而也无法获得误差的准确数值。在工程测量中，可以根据统计学原理，确定出误差绝对值的上限，即不确定度。所谓不确定度是指一个物理量测量值可能有的误差大小。误差是一个确定的数值，而不确定度尽管在表面上和误差一样是附着于测量数据之后的一个数值，但其本质上却是一个统计变量。

对于直接测量的物理量，可以将该测量值以不确定度的形式表示为：

$$x_i = x_{im} \pm \delta x_i \tag{1}$$

理论上，如果在相同精度下进行 20 次测量，并且某一次测量结果 x_{im} 的偏差超过其不确定度 δx_i，这时称测得量的不确定度的可信度为 95%。

对于单次测量，若已知仪表的精度范围，则 95% 的概率范围内测量结果可以表示为 $x_i \pm \delta x_{\max}$，式中 $\delta x_{\max}$ 是仪表的允许偏差，该值与仪表量程最大值的比值即为仪表的精度。

对于一个间接测量值，假设由若干个直接测量值合成，即假设 $R - f(x_1, \cdots, x_i, \cdots, x_N)$，则单次测量的不确定度可按下列公式传递

$$\delta R = \sqrt{\sum_{i=1}^{N} \left(\frac{\partial R}{\partial x_i} \delta x_i \right)^2} \tag{2}$$

式中，δx_i 是 x_i 的不确定度，置信概率为 95%，下面按照上述方法分析各测定量的不确定度。

A.1　压力

在本试验中，压力选用罗斯蒙特 3051 压力变送器测量，数据采集选用 IMP3595。3051 压力变送器的精度为 0.075%，IMP 板的精度为 0.02%，压力变送器量程为 40MPa，压力最小测量值为 23MPa。压力测量的最大相对不确定度为：

$$\frac{\delta P}{P} = \frac{40}{23} \sqrt{(0.075\%)^2 + (0.02\%)^2} = 0.135\% \qquad (3)$$

A.2 压差

试验压差使用罗斯蒙特 3051 差压变送器测量，其精度为 0.075%，量程为 250kPa，试验最小差压为 10kPa，考虑到 IMP 板的测量误差，压差的相对不确定度为：

$$\frac{\delta(\Delta p)}{\Delta p} = \frac{250}{10} \sqrt{(0.075\%)^2 + (0.02\%)^2} = 1.925\% \qquad (4)$$

A.3 流量

试验中工质流量采用 RHE08 质量流量计测量，其精度为 0.05%。试验中设定其量程为 3500kg/h，最小测量流量为 158kg/h。考虑到 IMP 板的测量误差，则流量测量的相对不确定度为：

$$\frac{\delta M}{M} = \frac{3500}{158} \sqrt{(0.05\%)^2 + (0.02\%)^2} = 1.193\% \qquad (5)$$

A.4 温度

试验段壁面温度采用规格为 $\phi 0.2mm$ 的 NiCr – NiSi 热电偶测量，按照陕西省计量局的测定报告，其测量误差为 0.4℃。试验中最低壁温为 250℃，则壁温测量的相对不确定度为：

$$\frac{\delta T_w}{T_w} = \frac{0.4}{250} = 0.16\% \qquad (6)$$

工质温度采用规格为 $\phi 3mm$ 的 K 型铠装热电偶测量，其测量误差为 0.4℃。试验中工质温度最低为 150℃，则工质温度测量的相对不确定度为：

$$\frac{\delta T_b}{T_b} = \frac{0.4}{150} = 0.27\% \qquad (7)$$

A.5 加热功率

试验段功率由电流变送器和电压变送器配合 IMP 板进行测量，电流变送器和电压变送器的测量精度为 0.2%。其中，电压变送器量程为 100V，最小试验值为 6V；电流变送器量程为 5A，最小试验值为 1.6A。加热功率的相对不确定度为：

$$\frac{\delta W}{W} = \sqrt{\left(\frac{100}{6} \times 0.2\%\right)^2 + \left(\frac{5}{1.6} \times 0.2\%\right)^2} = 3.391\% \qquad (8)$$

A.6 热流密度

本试验中热流密度的计算式为：

$$q = W\eta/S \tag{9}$$

假定面积的不确定度为 0.5%，热平衡的不确定度为 4.32%[70]，则热流密度的相对不确定度为：

$$\frac{\delta q}{q} = \sqrt{(3.391\%)^2 + (0.5\%)^2 + (4.32\%)^2} = 5.515\% \tag{10}$$

A.7 传热系数

本试验中传热系数的计算式为：

$$h = q/(T_w - T_b) \tag{11}$$

其相对不确定度为：

$$\frac{\delta h}{h} = \sqrt{(5.515\%)^2 + (0.27\%)^2} = 5.522\% \tag{12}$$

附录 B 主要符号表

A	面积，m^2
C_p	定压比热容，$kJ \cdot kg^{-1} \cdot K^{-1}$
d	直径，mm
f	摩擦阻力系数
G	质量流速，$kg \cdot m^{-2} \cdot s^{-1}$
G_r	格拉晓夫数
h	对流换热系数，$kW \cdot m^{-2} \cdot K^{-1}$
L	试验段长度，mm
Nu	努塞尔特数
p	压力，MPa
pr	普朗特数
q	热流密度，$kW \cdot m^{-2}$
Re	雷诺数
t	温度，℃
x	干度

希腊字母

λ	导热系数，$W \cdot m^{-1} \cdot K^{-1}$
μ	动力黏度，$Pa \cdot s$
ν	运动黏度，$m^2 \cdot s^{-1}$
ρ	密度，$kg \cdot m^{-3}$

下脚标

cr	临界

f	主流
g	气相
l	液相
LO	全液相
tp	两相
w	管壁

参考文献

[1] 李岚红. 我国能源消费现状分析[J]. 经济与管理, 2010, (7): 24 - 25.

[2] 池涌, 朱月祥, 岑可法. 国外动力工程发展的一些近况[J]. 动力工程, 1998, 15(5): 1 - 6.

[3] 郑泽民, 危师让, 杨寿敏. 对我国发展大容量超临界火电机组的一些看法[J]. 热力发电, 1995, (5): 23 - 31.

[4] 徐良才, 郭英海, 公衍伟, 等. 浅谈中国主要能源利用现状及未来能源发展趋势[J]. 能源技术与管理, 2010 (3): 155 - 157.

[5] 华北电力技术编辑部. 中国能源现状与展望[J]. 华北电力技术, 2008(2): 38.

[6] 游章飞. 低碳经济下神华中华电力发展核电的战略选择[D]. 北京: 北京交通大学, 2011.

[7] 张庆霞. 中国核电发展现状及未来规划[J]. 中国军转民, 2011(7): 22 - 25.

[8] 胡珊. 浅谈我国核电发展的现状与未来[J]. 动力与电气工程, 2011(24): 144.

[9] 杨旭红, 叶建华, 钱虹. 我国核电产业的现状及发展[J]. 上海电力学院学报, 2008, 24(3): 218 - 221.

[10] 陆道纲, 彭常宏. 超临界水冷堆评述[J]. 原子能科学技术, 2009, 43(8): 743 - 749.

[11] U. S. DOE Nuclear Energy Research Advisory Committee and GenerationIV International Forum. A technology roadmap for generation IV nuclear energy systems[R]. 2002.

[12] 曹毅刚, 欧阳武. 第4代核能系统研究与发展计划[J]. 国际电力, 2005, 19(4): 35 - 39.

[13] 李满昌, 王明利. 超临界水冷堆开发现状与前景展望[J]. 核动力工程, 2006, 27(2): 1 - 4.

[14] U. S. DOE Nuclear Energy Research Advisory Committee and GenerationIV International Forum. Generation IV Roadmap Description of Candidate Water - Cooled Reactor Systems Report [R]. 200

[15] 刘松涛, 张森如, 张虹. 国外超临界轻水反应堆研究[J]. 东方电气评论, 2005, 19(2): 69 - 74.

[16] Oka Yo, Koshizuka S. Design concept of one - through cycle supercritical - pressure light water cooled reactor[C]. In: Proceedings of the 1st International Symposium on Supercritical Water Cooled Reactor Design and Technology (SCR - 2000), Tokyo, Japan, November 6 - 8.

[17] 六种第四代核反应堆概念[J]. 国外核新闻, 2003(1): 15 - 19.

[18] Oka Yo, Koshizuka S, Ishiwatari Y, et al. Elements of design consideration of once – through cycle, supercritical pressure light water cooled reactor[C]. Proceedings of International Congress on Advanced Nuclear Power Plants, June 9 – 13, 2002, Hollywood, FL, USA.

[19] Oka Y. Review of high temperature water and steam cooled reactor concepts[C]. Proceedings of SCR, 2000, Tokyo, November 6 – 8, 2000, pp. 37 – 57.

[20] 潘自强, 沈文权. 2020 年前我国核能发展的策略和目标研究[J]. 铀矿地质, 2004, 20(5): 257 – 259.

[21] 臧明昌, 阮可强. 世界核电走向复苏 – 第13届太平洋地区核能大会评述[J]. 核科学与工程, 2004, 24(1): 1 – 5.

[22] 程旭, 刘晓晶. 超临界水冷堆国内外研发现状与趋势[J]. 原子能科学技术, 2008, 42(2): 167 – 172.

[23] 姚焕. 国际合力攻关超临界水冷堆技术中材料和传热流动两大难题[J]. 中国核工业, 2007(4): 24 – 26.

[24] Oka Yo, Koshizuka S, Jevremovic T, et al. Systems design of direct – cycle supercritical – water – cooled fast reactors[J]. Nuclear Technology, 1995, 109(1): 1 – 10.

[25] Yamaji A, Oka Yo, Koshizuka S. Three – dimensional core design of high temperature supercritical – pressure light water reactor with neutronic and thermal – hydraulic coupling[J]. Journal of Nuclear and Technology, 2005, 42(1): 8 – 19.

[26] Oka Yo, Koshizuka S, Jevremovic T, et al. Supercritical – pressure, light – water – cooled reactors for improving economy, safety, plutonium utilization and environment[J]. Progress in Nuclear Energy, 1995, 29: 431 – 438.

[27] Dobashi K, Oka Yo, Koshizuka S. Core and plant design of the power reactor cooled and moderated by supercritical light water with single tube water tods[J]. Annals of Nuclear Energy, 1997, 24(16): 1281 – 1300.

[28] 唐宇. 美国超临界水冷堆的概念设计与研究[J]. 国外核动力, 2004(2): 7 – 18.

[29] Groeneveld DC, Cheng SC, Leung LKH, et al. Computation of single and two – phase heat transfer rates suitable for water – cooled tubes and subchannels[J]. Nuclear Engineering and Design, 1989, 114(1): 61 – 77.

[30] Groeneveld DC, Cheng SC, Doan T. AECL – UO critical heat flux look – up table[J]. Heat Transfer Engineering, 1986, 7: 46 – 52.

[31] Leung LKH, Dimayuga FC. Measurements of critical heat flux in CANDU 37 – element bundle with a steep variation in radial power profile[J]. Nuclear Engineering and Design, 2010, 240(2): 290 – 298.

[32] 刘定明. 欧洲超临界水冷堆的研究与开发进程[J]. 国外核动力, 2008(1): 18 - 23.

[33] 许英坚. 欧洲 700℃ 先进超临界技术[J]. 热力发电, 2005(9): 72 - 73.

[34] Bittermann D, Squarer D, Schulenberg T, et al. Potertial plant characteristics of a High Performance Light Water Reactor (HPLWR), International Congress on Advances in Nuclear Power Plants, ICAPP'03, Cordoba, Spain, May 4 - 7, 2003.

[35] 陈听宽, 罗毓珊, 胡志宏, 等. 超临界锅炉螺旋管圈水冷壁传热特性研究[J]. 工程热物理学报, 2004, 25(2): 247 - 250.

[36] 陈听宽, 孙丹, 罗毓珊, 等. 超临界锅炉内螺纹管传热特性研究[J]. 工程热物理学报, 2003, 24(3): 429 - 432.

[37] 胡志宏, 陈听宽, 孙丹. 近临界及超临界压力区垂直光管和内螺纹管传热特性的实验研究[J]. 热能动力工程, 2001, 16(3): 267 - 270.

[38] 程旭. 超临界水冷堆是我国水冷堆技术路线的自然选择[J]. 中国核工业, 2007(4): 26 - 28.

[39] Pan J, Yang D, Dong Z, et al. Experimental investigation on heat transfer characteristics of low mass flux rifled tube with upward flow[J]. International Journal of Heat and Mass Transfer, 2011, 54(13 - 14): 2952 - 2961.

[40] Wang J, Li H, Guo B, et al. Investigation of forced convection heat transfer of supercritical pressure water in a vertically upward internally ribbed tube[J]. Nuclear Engineering and Design, 2009, 239(10): 1956 - 1964.

[41] Zhu X, Bi QC, Yang D, et al. An investigation on heat transfer characteristics of different pressure steam - water in vertical upward tube[J]. Nuclear Engineering and Design, 2009, 239(2): 381 - 388.

[42] Wu G, Bi QC, Yang ZD, et al. Experimental investigation of heat transfer for supercritical pressure water flowing in vertical annular channels[J]. Nuclear Engineering and Design, 2011, 241(9): 4045 - 4054.

[43] Li HZ, Wang HJ, Luo YS, et al. Experimental investigation on heat transfer from a heated rod with a helically wrapped wire inside a square vertical channel to water at supercritical pressures [J]. Nuclear Engineering and Design, 2009, 239(10): 2004 - 2012.

[44] 潘杰. 超临界循环流化床锅炉低质量流速水冷壁传热及水动力研究[D]. 西安: 西安交通大学, 2011.

[45] 林宗虎. 气液两相流和沸腾传热[M]. 西安: 西安交通大学出版社, 2003.

[46] Debortoli RA, Green SJ, Letourneau BW, et al. Forced - convection heat transfer burn - out studies for water in rectangular and round tubes at presures above 500 psia, WAPD - 188[R].

Westinghouse Electric Corp, Pittsburgh, PA, 1958.

[47] Doroshchuk VE, Levitan LL, Lantzman FP. Investigation into burnout in uniformly heated tubes [J]. ASME, 1975, Paper NO. 75 – WA/HT – 22.

[48] Groeneveld DC, Leung LKH, Kirillov PL, et al. The 1995 look – up table for critical heat flux in tubes [J]. Nuclear Engineering and Design, 1996, 163: 1 – 23.

[49] Hall DD, Mudawar I. Critical heat flux (CHF) for water flow in tubes – I. Compilation and assessment of world CHF data [J]. Int. J. Heat Mass Transfer, 2000, 43: 2573 – 2604.

[50] Watson GB, Lee RA. Critical heat flux in inclined and vertical smooth and ribbed tubes [C]. Proc. 5th Int. Heat Transfer Conf., Tokyo University Press, 1974, 4: 275 – 279.

[51] Bringer RP, Smith JM. Heat transfer in the critical region [J]. A. I. Ch. E. Journal, 1957, 3(1): 49 – 55.

[52] Nishikawa K, Fujii T, Yoshida S. Investigation into burnout in grooved evaporator tubes [J]. J. Japan Soc. Mech. Eng., 1972, 75: 700 – 707.

[53] Nishikawa K, Fujii T, Yoshida S. Flow boiling crisis in grooved boiler – tubes [C]. Proc. 5th Int. Heat Transfer Conf., Tokyo University Press, 1974, 4: 270 – 274.

[54] Swenson HS, Carver JR, Szokek G. The effects of nucleate boiling versus film boiling on heat transfer in power boiling tubes [J]. Transactions of ASME, Series A Journal of Engineering for power, 1962, 84: 365 – 371.

[55] Chen TK, Liu YQ, Chen XJ. Boiling Heat transfer characteristics of smooth and ribbed tubes in subcritical and near – critical pressure regions [C]. The International Joint Power Generation Conference (China – USA), San Diego, California, USA, 1991.

[56] 陈听宽, 陈宣政, 陈学俊, 等. 亚临界及近临界压力区垂直水冷壁光管和内螺纹管传热特性的试验研究 [J]. 动力工程, 1991, 11(1): 17 – 22.

[57] 陈听宽, 刘尧奇, 陈学俊. 亚临界及近临界压力区竖直管内沸腾传热实验研究 [J]. 核动力工程, 1992, 13(6): 40 – 45.

[58] 郑建学, 陈听宽, 罗毓珊, 等. 高压汽水两相流内螺纹管壁温与临界热流密度特性的研究 [J]. 西安交通大学学报, 1995, 29(5): 63 – 68.

[59] 孙丹. 临界压力区光管和内螺纹管不同加热方式的传热特性研究 [D]. 西安: 西安交通大学, 2001.

[60] Pioro IL, Duffey RB. Experimental heat transfer in supercritical water flowing inside channels (Survey) [J]. Nuclear Engineering and Design, 2005, 235: 2407 – 2430.

[61] Pioro IL, Khartabil HF, Duffey RB. Heat transfer to supercritical fluids flowing in channels – empirical correlations (survey) [J]. Nuclear Engineering and Design, 2004, 230: 69 – 91.

[62] Shitsman ME. Impairment of The Heat Transmission at Supercritical Pressures [J]. High Temperature, 1963, (1): 237 – 244.

[63] Swenson HS, Caever JR, Kakarala CR. Heat Transfer to Supercritical Water in Smooth – Bore Tube[J]. Journal of Heat Transfer, Trans ASME, 1965, 87 (4): 477 – 484.

[64] Vikhrev V, Barulin D, Kon'kov AS. A study of heat transfer in vertical tubes at supercritical pressures[J]. Thermal Engineering, 1967, 14(9): 116 – 119.

[65] Shiralkar BS, Griffith P. The effect of swirl, inlet conditions, flow direction, and tube diameter on the heat transfer to fluids at supercritical pressure[J]. Journal of Heat Transfer, Trans. ASME, 1970, 92 (3): 465 – 474.

[66] Ackerman JW. Pseudoboiling heat transfer to supercritical pressure water in smooth and ribbed tubes[J]. Journal of Heat Transfer, Trans. ASME, 1970, 92(3): 490 – 498.

[67] Belyakov IL, Krasyakova LYu, Zhukovskii AV, Fefelova ND. Heat transfer in vertical rises and horizontal tubes at supercritical pressure[J]. Thermal Engineering, 1971, 18(11): 55 – 59.

[68] Yamagata K, Nishikawa K, Hasegawa S, et al. Forced convective heat transfer to supercritical water flowing in tubes[J]. Int. J. Heat Mass Transfer, 1972, 15(12): 2575 – 2593.

[69] Goldman K. Heat Transfer to Supercritical Water at 5000 psi Flowing at High Mass Flow Rates Through Round Rubes[J]. International Developments in Heat Transfer, Part Ⅲ, ASME, 1961: 561 – 568.

[70] 胡志宏. 超临界和近临界压力区垂直上升及倾斜管传热特性研究[D]. 西安：西安交通大学, 2001.

[71] Jackson JD, Hall WB. Influences of buoyancy on heat transfer to fluids flowing in vertical tubes under turbulent conditions[J]. In Turbulent Forced Convection in Channels and Bundles, 1979, 2: 613 – 640.

[72] Bazargan M, Forced convection heat transfer to turbulent flow of supercritical water in around horizontal tube[D]. Ph. D. Thesis, The University of British Columbia, 2001.

[73] Sharabi MB, Ambrosini W, He S. Prediction of unstable behavior in a heated channel with water at supercritical pressure by CFD models[J]. Annals of Nuclear Energy, 2008, 35: 767 – 782.

[74] 王建国. 超临界锅炉水冷壁管低质量流速下的传热及阻力特性研究[D]. 西安：西安交通大学, 2010.

[75] Deissler RG, Cleveland O. Heat Transfer and Fluid Friction for Fully Developed Turbulent Flow of Air and Super – Critical Water with Vairable Fluid Properties[J]. Trans. ASME, 1954, 76: 73 – 85.

[76] Goldman K. Heat Transfer to Supercritical Water and Other Fluids with Temperature Dependent

Properties[J]. Nuclear Engineering, 1954, 50(11): 105 – 113.

[77]Hess HL, Kunz HR. A Study of Forced Convection Heat Transfer to Supercritical Hydrogen[J]. Journal of Heat Transfer, 1965, 87(1): 41 – 48.

[78]Sastry VS, Schnurr NM. An Analytical Investigation of Forced Convection Heat Transfer to Fluids Near the Thermodynamic Critical Point[J]. Transactions of the ASME, Journal of Heat Transfer, 1975, 97(2): 226 – 230.

[79]Hauptmann EG, Malhotra A. Axial Development of Unusual Velocity Profiles Due to Heat Transfer in Variable Density Fluids[J]. Journal of Heat Transfer, 1980, 102(1): 71 – 74.

[80]Wood RD, Smith JM. Heat transfer in the critical region temperature and velocity profiles in turbulent flow[J]. A. I. Ch. E. Journal, 1964, 10(2): 180 – 186.

[81]Renz U, Bellinghausen R. Heat Transfer in a Vertical Pipe at Supercritical Pressure[C]. 8th Int. Heat Transfer Conference, 1986, 3: 957 – 962.

[82]Koshizuka S, Takano N, Oka Y. Numerical Analysis of Deterioration Phenomena in Heat Transfer to Supercritical Water[J]. Int. J. Heat Mass Transfer, 1995, 38(16): 3077 – 3084.

[83]Gallaway T, Antal SP, Podowski MZ. Multi – dimensional model of fluid flow and heat transfer in Generation – Ⅳ Supercritical Water Reactors [J]. Nuclear Engineering and Design, 2008, 238(8): 1909 – 1916.

[84]Cheng X, Kuang B, Yang YH. Numerical analysis of heat transfer in supercritical water cooled flow channels[J]. Nuclear Engineering and Design, 2007, 237(3): 240 – 252.

[85]Yang J, Oka Y, Ishiwatari Y, et al. Numerical investigation of heat transfer in upward flows of supercritical water in circular tubes and tight fuel rod bundles[J]. Nuclear Engineering and Design, 2007, 237(4): 420 – 430.

[86]周强泰. 电加热厚壁管内壁温度的计算[J]. 南京工学院学报, 1985, 4: 38 – 43.

[87]W. B. Hall, J. D. Jackson. The Effect of Swirl, Inlet Conditions, Flow Direction, and Tube Diameter on the Heat Transfer to Fluids at Supercritical Pressure [J]. HeatTransfer, Trans ASME, 1970, 92: 471 – 473.

[88]T. Yamashita, H. Mori, S. Yoshida, et al. Heat transfer and pressure drop of a supercritical pressure fluid flowing in a tube of small diameter[J]. Memoirs of the Faculty of Engineering, 2003, 63: 227 – 244.

[89]Gajapathy, R., Velusamy, K., Selvaraj, P., Chellapandi, P., Chetal, S. C. CFD investigation of helical wire – wrapped 7 – pin fuel bundle and the challenges in modeling full scale 217 pin bundle[J]. Nuclear Engineering and Design, 2007, 237: 2332 – 2342.

[90]Raza, W., Kang – Yong, Kim.. Shape optimization of wire wrapped fuel assembly using Kriging

metamodeling technique[J]. Nuclear Engineering and Design, 2008, 238: 1332 – 1341.

[91] Schulenberg, T., Starflinger, J., Heinecke, J.. Three pass core design proposal for a high – performance light water reactor. In: 2nd COE – INES – 2 International Conference on Innovative Nuclear Energy Systems, INES – 2, Yokohama, Japan.

[92] S. C. Yao, L. E. Hochreiter, W. J. Leech. Heat – transfer augmentation in rod bundles near grid spacers[J]. Heat Transfer, 1982, 104: 76 – 81.

[93] C. Unal, K. Tuzla, O. Badr, et al. Parametric trends for post – CHF heat transfer in rod bundles [J]. Heat transfer, 1988, 110: 721 – 727.

[94] Shiralkar BS, Griffith P. The effects of swirl, inlet conditions, flow direction and diameter on the heat transfer to fluids at supercritical pressure[J]. J. Heat Transfer, ASME, 1970, 91: 465 – 474.

[95] 周强泰. 浮力对立式管中超临界压力水传热的影响[J]. 工程热物理学报, 1983, 4(2): 165 – 172.

[96] Licht, J., Anderson, M., Corradini, M.. Heat transfer to water at supercritical pressures in a circular and square annular flow geometry[J]. Int. J. Heat Fluid Flow, 2008, 29: 156 – 166.

[97] Jackson, J. D., Hall, W. B.. Influences of Buoyancy on Heat Transfer to Fluids Flowing in Vertical Tubes under Turbulent Conditions [J]. Hemisphere Publishing Corporation, 1979: 613 – 640.

[98] Jackson, J. D., Hall, W. B.. Forced convection heat transfer to fluids at supercritical pressure, in: Turbulent Forced Convection in Channels and Bundles, Vol. 2, Hemisphere, New York, 1979: 563 – 611.

[99] Dittus, F. W., Boelter, L. M. K.. Publications of Engineering, University of California, 1930, 2: 443.

[100] Pitla, S. S., Groll, E. A., Ramadhyani, S.. New correlation to predict the heat transfer coefficient during in – tube cooling of turbulent supercritical CO_2[J]. Int J Refrig, 2002, 25 (7): 887 – 895.

[101] Cheng, X., Yang, Y. H., Huang, S. F.. A simplified method for heat transfer prediction of supercritical fluids in circular tubes [J]. Annals of Nuclear Energy, 2009, 36 (8): 1120 – 1128.

[102] McAdams, W. H.. Heat Transmission, 2nd edition, McGraw Hill, New York, NY, USA, 1942.

[103] L. Miropolski, M. E. Shitsman. Heat Transfer to Water and Stream at Variable Specific Heat (in Near – Critical Region), Soviet Physics, Technical Physics, 1957, 27 (10): 2359 – 2372 (English translation 2196 – 2208).

[104] Kondrat'ev, N. S.. Heat transfer and hydraulic resistance with supercritical water flowing in

tubes[J]. Thermal Eng. 1969, 16(8): 73 – 77.

[105] Gorban', L. M. , Pomet'ko, R. S. , Khryaschev, O. A. Modeling of water heat transfer with Freon of supercritical pressure (in Russian). Institute of Physics and Power Engineering, Obninsk, Russia.

[106] Krasnoshchekov, E. A. , Protopopov, V. S.. Heat transfer at supercritical region in flow of carbon dioxide and water in tubes(in Russian). Thermal Eng. 1959, 12: 26 – 30.

[107] Krasnoshchekov, E. A. , Protopopov, V. S.. About heat transfer in flow of carbon dioxide and water at supercritical region of state parameters(in Russian). Thermal Eng. 1960, 10: 94.

[108] Krasnoshchekov, E. A. , Protopopov, V. S.. Experimental investigation of heat transfer for carbon dioxide in the supercritical region. In: Gazley, Jr. , C. , Hartnett, J. P. , Ecker, E. R. C. , (Eds.), Proceedings of the Second All – Soviet Union Conference on Heat and Mass Transfer, Minsk, Belarus, May, 1964, Published as Rand Report R – 451 – PR, vol. 1, pp. 26 – 35.

[109] Bishop, A. A. , Sandberg, R. O. , Tong, L. S.. Forced convection heat transfer to water at near – critical temperatures and supercritical pressures, Report WCAP – 2056, Part IV, November, Westinghouse Electric Corp. , Pittsburgh, USA.

[110] Swenson, H. S. , Caever, J. R. , Kakarala, C. R.. Heat Transfer to Supercritical Water in Smooth – Bore Tube[J]. Journal of Heat Transfer, 1965, 87(4): 477 – 484.

[111] Ornatsky, A. P. , Glushchenko, L. F. , Gandzyuk, O. F.. An experimental study of heat transfer in externally – heated annuli at supercritical pressures[J]. Heat transfer Soviet Res. 1972, 4 (6): 25 – 29.

[112] Kirillov, P. L. , Yur'ev, Yu. S. , Bobkov, V. P.. Handbook of Thermal – Hydraulics Calculations (in Russian). Energoatomizdat Publishing House, Moscow, Russia. 1990: 66 – 67, 130 – 132.

[113] Jackson, J. D.. Consideration of the heat transfer properties of supercritical pressure water in connection with the cooling of advanced nuclear reactors. In: Proceedings of the 13th Pacific Basin Nuclear Conference, Shenzhen City, China, October 21 – 25.

[114] Wang, S. , Yuan, L. Q. , Leung, L. K. H.. Assessment of Supercritical Heat – Transfer Correlations against AECL Database for Tubes[C]. Proc. 2nd Canada – China Workshop on Supercritical Water – Cooled Reactors, Toronto, Canada, April 25 – 29, 2010.

[115] Cheng, X. , Kuang, B. , Yang, Y. H.. Numerical analysis of heat transfer in supercritical water cooled flow channels[J]. Nuclear Engineering and Design, 2007, 237: 240 – 252.

[116] Cheng, X. , Schulenberg, T.. Heat transfer at supercritical pressures – Literature review and application to a HPLWR. Forschungszentrum Karlsruhe, Technik und Umwelt, Wissenschaftliche Berichte, FZKA 6609, Institute fur Kernund Energietechnik, Mai 2001.

[117]Nishikawa K. , Ito T, Yamashita H. . Free – convective heat transfer to a supercritical fluid[J].
       J. Heat transfer, ASME, 1973, 89: 187 – 191.

[118]Styrikovich, M. A. , Margulova, T. K. , Miropolskiy, Z. L. . Problem in the development of
       designs of supercritical boilers[J]. Teploenergetika, 1967, 14(6): 4 – 7.

[119]Ogata, K. , Sato, S. . Measurement of forced convection heat transfer to supercritical helium
       [C]. In: Proceedings of the 4th International Cryogenic Engineering Conference, Eindhoven,
       The Nethelands, May 24 – 26, 1972: 291 – 294.

[120]Petuhkov, B. S. , Kurganov, V. A. . Heat transfer and flow resistance in the turbulent pipe flow
       of a fluid with near – critical state parameters[J]. Teplofizika Vysokikh Temperature 21
       [January(1)], 1983: 92 – 100.

[121]西安交通大学, 哈尔滨锅炉厂, 中国科学技术情报研究所重庆分所. 大型电站锅炉国内
       传热和水动力特性[M]. 重庆: 科学技术文献出版社重庆分社, 1978, 10: 16.

[122]林宗虎. 强化传热及其工程应用[M]. 北京: 机械工业出版社, 1982, 2: 164.

[123]Polyakov, A. F. . Heat Transfer under Supercritical Pressure[M]. Advanced in Heat Transfer,
       1991, 21: 1 – 51.

[124]Nishikawa K. , Yoshida S, Ohno, M. . Investigation into heat transfer R – 22 flowing in a tube
       near the critical pressure. Proc. 17th National Heat Transfer Symposium of Japan, Kanazawa,
       1980: 304 – 306.

[125]HerKenrath H. . Waermeubergang an Wasser bei erzwungener stroemung in druckbereich von 140
       bis 250bar. EUR 3658 d, 1967.

[126]U. RENZ, R. BELLINGHAUSEN, Heat Transfer in a Vertical Pipe at Supercritical Pressure.
       Proceeding of 18th International Heat Transfer Conference, 1986(3): 957 – 962.

[127]J. G. 科力尔. 对流沸腾和凝结[M]. 魏先英, 等. 译. 北京: 科学出版社, 1980.

[128]J. G. Collier, J. R. Thome. Convective Boiling and Condensation. Third Edition, Oxford
       University Press Inc. New York, 1994.

[129]陈听宽, 陈宣政, 陈学俊, 等. 内螺纹管高压汽水两相流摩擦压降特性的试验研究
       [J]. 动力工程, 1989, 9(3): 10 – 15.

[130]田圃. 300MW UP 直流锅炉防止水冷壁爆漏的研究[D]. 西安: 西安交通大学, 1996.

[131]王为术. 超超临界锅炉内螺纹管水冷壁传热及水动力研究[D]. 西安: 西安交通大
       学, 2006.

[132]Chisholm D. Two – phase flow in pipelines and heat exchangers[M]. George Godwin, London,
       1983.

[133]Belyakov IL, Krasyakova LYu, et al. Heat transfer in vertical rises and horizontal tubes at

supercritical pressure[J]. Thermal Engineering, 1971, 18(11): 55 – 59.

[134]B. S. Shiralkar, P. Griffith. Deterioration in Heat Transfer to Fluids at Supercritical Pressure and High Heat Fluxes [J]. Transaction of the ASME, Vol. 91, 1969, pp. 27 – 36.

[135]S. H. Kim, Y. I. Kim, Y. Y. Bae, et al. Numerical simulation of the vertical upward flow of water in a heated tube at supercritical pressures [C]. Proc. ICAPP, 2004.

[136]V. Yakhot, S. A. Orszag, S. Thangam, et al. Renormalization Group Analysis of Turbulence Basic Theory [J]. Journal of Science Computing, 1986, 1(1): 39 – 51.